充满“悬疑”的远洋科考故事

乘风破浪去远洋

徐小龙 ◎ 著

中国少年儿童新闻出版总社
中国少年兒童出版社
北　京

图书在版编目（CIP）数据

乘风破浪去远洋 / 徐小龙著 . -- 北京 : 中国少年儿童出版社 , 2021.1

（探秘大自然丛书）

ISBN 978-7-5148-6586-8

Ⅰ . ①乘… Ⅱ . ①徐… Ⅲ . ①深海 - 青少年读物 Ⅳ . ① P72-49

中国版本图书馆 CIP 数据核字 (2021) 第 001658 号

CHENGFENG POLANG QU YUANYANG

（探秘大自然丛书）

出版发行：中国少年儿童新闻出版总社 中国少年儿童出版社

出　版　人：孙　柱

执行出版人：赵恒峰

策划编辑：李晓平　　著：徐小龙

责任编辑：李晓平　　责任校对：栾　銮　万　頔

封面设计：舒　夜

内页设计：中文天地　　责任印务：刘　潋

社　　址：北京市朝阳区建国门外大街丙 12 号　　邮政编码：100022

编 辑 部：010-57526435　　总 编 室：010-57526070

发 行 部：010-57526608　　官方网址：www.ccppg.cn

印刷：北京利丰雅高长城印刷有限公司

开本：787mm × 1092mm　1/16　　印张：10.75

版次：2021 年 1 月第 1 版　　印次：2021 年 1 月北京第 1 次印刷

字数：200 千字　　印数：1-8000 册

ISBN 978-7-5148-6586-8　　定价：48.00 元

图书出版质量投诉电话 010-57526069，电子邮箱：cbzlts@ccppg.com.cn

“蛟龙”出海

前　言

2020 年，我国又一艘载人潜水器“奋斗者号”进入了试验阶段。它是我国继“蛟龙号”和“深海勇士”之后，设计下潜深度首次达到“万米”的载人潜水器。可以说，即使是世界上最深的马里亚纳海沟也无法阻挡“奋斗者号”下潜的步伐，11 月 10 日，它成功坐底马里亚纳海沟，深度达 10909 米，刷新了我国载人深潜的纪录。

中华人民共和国成立以后，我国科学家就一直在“海洋强国”的路上默默耕耘，不懈探索。“向阳红”系列海洋综合调查船，在各大洋甚至是南北极都留下了科考的足迹，这些都是老一辈海洋科考工作者艰苦奋斗的见证。

在一部纪录片中，有这样一些画面：20 世纪 70 年代，在“向阳红 09”船上，几名海洋科考队员戴着圆顶草帽，有的队员将简陋的海水采集设备投入海中，有的队员将气象观测设备投放到空中，赤道附近湿热的天气让他们汗流浃背，皮肤出现不同程度的晒伤；因为船上自带的淡水十分有限，为了节约淡水，科考队员们不能用淡水洗澡，于是，船长一旦发现一片乌云，便将船径直航行过去，让科考队员们聚集到甲板上，在暴雨中尽情冲澡……

几十年如一日，千万名海洋工作者在各自的岗位上默默坚守。正是他们，用一次次的辛勤付出，换回了远洋科考的珍贵数据和样品，在海洋物理、化学、地质、生物等领域取得了丰硕的研究成果，让中国在世界海洋事务中有了更多的话语权。

随着科技的发展和人们生活水平的提高，人类对资源的需求越来越多，陆地可开采的资源越来越少，人们逐渐将目光投向海洋。从 20 世纪 60 年代开始，海底的富钴结壳、锰结核、多金属硫化物等新的矿产资源逐渐被发现，它们储量惊人，而且金属含量是陆地同类矿物的几十倍，开采价值极高。各国都开始向海底进军，海底资源的归属问题也成了焦点，世界进入了深海探秘时代。

1994 年，国际海底管理局正式成立，它代表 160 多个国家和组织管理国际海底资源事务，洋底探矿是核心话题，提出了“人类共同继承财产”的重要概念。中国作为重要的成员国之一，基于多年的海洋科考经验和雄厚的海洋科考能力，先后在东北太平洋和西南印度洋申请获得了近十万平方千米的国际海底区域多金属结核、多金属硫化物和富钴结壳合同矿区。

“看到它们，不代表能够开采它们！”面对海底丰富的矿产资源，海洋科学家发出这样的感叹。的确，人类自由潜水最多只能下潜至 100 米的深度，潜艇也只能在几百米深的海下活动，而洋底矿藏多分布在 1000 米以下的海山上。想要下潜到这个深度，可没那么容易。为什么呢？这本书中讲述的海参“吹气球”的故事就会告诉你答案。在这个深度的洋底开展大规模开采作业，目前还只是梦想。中国的“蛟龙号”“深海勇士”和“奋斗者号”，都让深海开采的梦想更近了一步。

随着科学技术的不断进步，21 世纪的科考装备已经十分先进，船舶配备了海水淡化系统，不会再出现 20 世纪“借雨洗澡”的场景，远洋科考更多是和时间赛跑、和自己比赛，处处都能感受到科学家们忘我工作、探索未知的科学精神。

看到这里，也许你已经迫不及待地想跟随科考船驶向远洋，别着急，先跟书中的二副学习一下打“游戏机”吧；也许你想知道坐在“蛟龙号”里下潜到底是什么感觉，书中的潜航员已开始下潜，快去搭乘吧；也许你的梦想是成为一名深海潜航员，书中已为你准备好了“修炼秘籍”；也许，你想长大后修建一座海底城市，那你必须先认识一下“古菌”和“臭屁城市”，从它们身上也许能找到一些灵感哦。

深海，蕴藏着人类的未来。你，准备好了吗？

目录
CONTENTS

即将下潜的“蛟龙号”

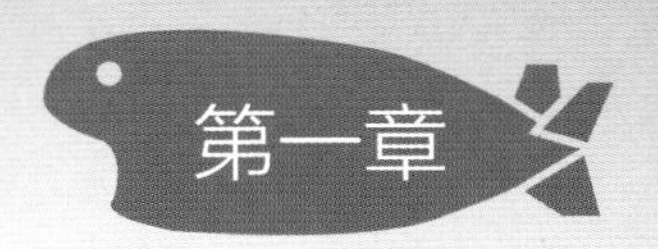

到深海去“抓娃娃”

几千米深的大洋深处，藏着人类未曾踏足的“聚宝盆”。与平静的海底相比，这里热闹非凡，经历过高温熔岩洗礼的海水，裹挟着地球内部的“特产”，喷发出黑色或白色的“烟雾”，那正是科学家们探寻的秘密！

随着一阵响亮的汽笛声，“大洋一号”科学考察船驶出了青岛母港，向印度洋进发！

目的地是毛里求斯附近的公海海域，在印度洋的西南角。说起毛里求斯这个国家，很多人可能会觉得比较陌生。不过，要说起非洲第一大岛国马达加斯加，因为电影《马达加斯加》很有名，所以知道这个岛国的人很多。毛里求斯就在马达加斯加旁边，因为面积不大，在地图上是一个很不起眼的“小点”。

为什么我们的“大洋一号”科考船带着这么多科研设备和科考队员，要大老远地跑到那里去呢？

“‘抓娃娃’呀！”对于我们的疑问，科考队首席科学家淡淡地回答，他脸上的笑容却很神秘。我一脸茫然，甚至有点儿“大跌眼镜”。科学，在我心目中是非常非常“高大上”的事，怎么突然成了“抓娃娃”啦？

“对啊，海里的‘娃娃’可不好抓！就像咱们乘坐直升机在几千米高空，放下一个大箩筐，抓地上的洋娃娃一样。而且，咱们还不知道‘娃娃’的具体位置！”首席科学家接着强调。

“啊！”我使劲儿脑补了一下科学家描述的画面：“几千米的高空、大箩筐、‘抓娃娃’，还不知道‘娃娃’在哪儿。”我的天哪，这不就是“矿工小游戏”嘛！一个大夹子，一根线，扔下去，不知道能挖到啥，臭鞋子、小炸弹都有可能。

呃……可是，说好的科学考察呢？

“大洋一号”科考船顺利穿过了马六甲海峡，海况一直非常好。驶入赤道附近海域的时候，海面平静得像蓝色丝绸。平缓的波纹中，时不时跳出几条惊慌失措的小飞鱼，空中飞行的海鸥时不时落到船上休息，蓝天、白云、大海，真像在童话里。

在这艘排水量6000多吨的科考船上，我庆幸没有遇到“晕船君”，

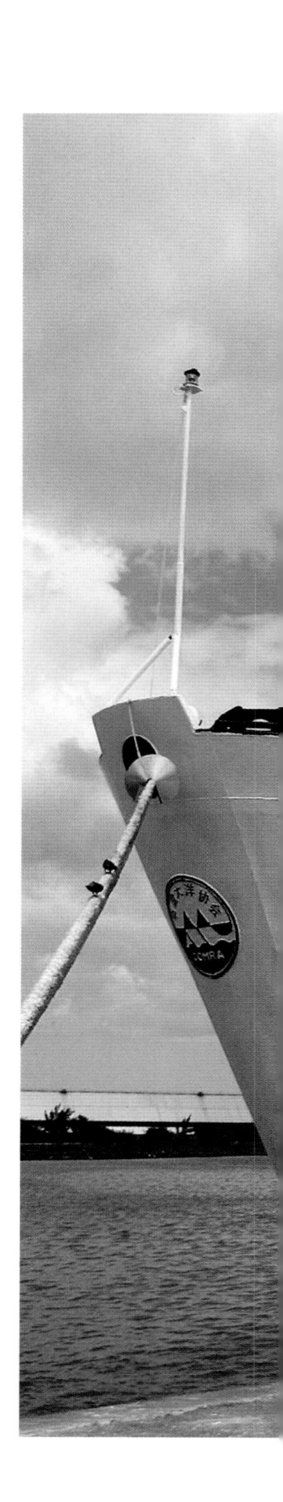

∨ 停泊在毛里求斯路易港的“大洋一号”科学考察船

在轻微摇晃的船上，就像在摇篮里。航渡期间，我每天过着“饭来张口、衣来伸手”的生活：一天三顿吃食堂，“蹬上”科考连体服，佩戴安全帽，穿上防护鞋，在船上“四处游荡”，寻找素材，拍摄现场画面。

科考队员忙着调试各种设备器材。一晃十几天就过去了，科考船终于抵达了印度洋西南海域的作业区。

我要好好看看，科学家是怎么“抓娃娃”的！

在白色的“大洋一号”科考船上，最热闹的地方要数船尾的后甲板。这里存放着各种各样的科考仪器，有电视抓斗、生物诱捕器、温盐深度监测器等，一个个整齐地码放着，等待下海。

“大洋一号”后甲板上的 A 型架 >

这些仪器就是首席科学家口中的“大箩筐”，我们的“大洋一号”科考船就是他说的“直升机”，可“娃娃”在哪儿呢？就在我们船下几千米深的大洋深处。

“这，这也太难了吧！”我心里打鼓。“嗯，有点儿科学考察的感觉啦！”我又有些欢喜。

船尾有一个大架子，我们叫它 A 型架，是用来投放“箩筐”的设备。一根胳膊粗的缆绳，跨过 A 型架上的滑轮，连接着船和设备。缆绳的“肚子”里有很多数据线，可以传回设备拍摄的画面。

到底是什么“娃娃”，让科学家这么费劲儿地跑到这里来抓？

“海底下宝贝可多了，我们船下面就是一片‘烟囱’，我们要找到它们，定位它们，找到得越多越好，以后技术先进了，再把它们采集上来。”首席科学家的眼睛直放光。

“等等，您不是说下面有‘娃娃’吗，怎么又成‘烟囱’了？”我一头雾水。

“‘烟囱’就是我们要找的‘娃娃’！它像地心精灵一样来自深海的地下，只有长‘成熟’了，才能形成烟囱的样子。哈哈哈！”

“‘烟囱’会冒烟吗？”我很好奇。

DYNACON, Inc.
大洋一号

∧ 深海里冒着烟的“烟囱”（“蛟龙号”自带摄像机拍摄）

“当然会！”

“那不就是海底火山吗？”我有些蒙了。

“当然不是！火山力量太大，大火喷，时间短。这里是小火‘炖’，时间长。”

“还是不懂！”我彻底蒙了。

“打个比方，就像用锅煮粥，火太大了，粥会快速溢出来，这就像火山喷发；小火慢慢炖，只会有一些蒸汽冒出来，粥还在锅里，这就是烟囱冒烟。”

“哦——”我似乎明白了一些，“这些‘烟囱’冒出的‘蒸汽’里肯定有好东西吧？不然干吗要这么费劲儿找它们。”

“对啦！”首席科学家用力拍了一下大腿。当然，拍的是他自己的。

火山熔岩的温度一般在 900 ~ 1200 摄氏度，最高能到 1400 摄氏度，地球“这锅粥”还是很烫的！而“烟囱”呢，只是一些被熔岩加热后沸腾的海水，温度没那么高，但也有 300 ~ 400 摄氏度。

所以，火山喷发出来的熔岩几乎都是被高温熔化的岩石，而“烟囱”在“刚刚好的温度下”慢慢吐出来的，全都是宝贝……

到底都是什么宝贝呢？咱们先从“烟囱”的形成讲起。

这“烟囱”的形成和大陆板块的碰撞有很大关系。大家可能听说过大陆板块碰撞会形成地震带，就像多发地震的国家——日本一样，它处于亚欧板块与太平洋板块的交界处，三天两头就要晃一晃。富士山就是这个地震带上的一座著名火山。

在海底板块碰撞的区域，也会形成类似地震带的地带。它们在海底形成巨大的隆起，科学家称它为“洋中脊”，顾名思义，就是大洋中像脊背一样的隆起，和陆地上的山脉差不多。

在这些洋中脊上，有些活跃区域。这些区域的地壳都比较薄，下面裹着滚烫的熔岩，上面覆盖着冰冷的海水，但还到不了火山喷发的地步。

一旦这些薄薄的地壳出现一些小裂缝，上面的海水就会灌入滚烫的熔岩。被加热的海水，就像电热壶中沸腾的开水一样，咕噜咕噜地翻涌，又从裂缝中冲了出去。

这些沸腾的海水在熔岩里逛了一圈，可算“长了见识”，它们再次返回深海的时候，带着大量地球内部的“特产”，有黑色的，有白色的，随着滚烫的海水进入深海！

∨ 西南印度洋上美丽的晚霞

喷出来的“开水”，遇到冰冷的深海海水，立刻“恭敬”地交出“特产”。于是，各种“特产”都堆积在那些裂缝“喷口”周围。

这些“特产”就是科学家们要找的宝贝！

日积月累，“喷口”周围的“特产”越堆越多，慢慢就形成了一个个“烟囱”。带着黑色“特产”的海水“喷口”周围形成了“黑烟囱”；带着白色“特产”的形成了“白烟囱”。

都有啥“特产”呢？金、银、铁、铜、硫、锌、铅、钴……

这么多啊！难怪科学家这么喜欢这里。这就是海底的“聚宝盆”啊！

“一个‘烟囱’从喷发到终结，最长不过百年，短的也就十几年，它却可以累积各种极有价值的矿物近百吨。与陆地上百万年才形成的石油、煤和铁矿相比，‘烟囱’的造矿速度真是惊人。而且这些矿物中没有土石杂质，都是含金属量很高的多种金属的化合物，稍加处理，就可以利用……”首席科学家像“烟囱”一样，打开了话匣子，开始滔滔不绝起来。

“你知道吗？在这样海水温度极高、矿物落满地的地方，竟然还有生命存在，螃蟹啊，虾啊，海葵啊，贻贝啊，啥都有！有空咱们再好好聊。”首席科学家神秘地说。

我的天哪，这里还有生命？它们是怎么生存下来的呢？我又疑惑了。

科学就是这样，一个问号，接着一个问号。

^“烟囱”样品

^ 生活在“烟囱”周围的深海生物

∧ 成功抓取“白烟囱”和海底生物等珍贵样品

∨“烟囱”是这样形成的（图片来自中国科学院网站）

第二章

船上有“老鬼”

“老鬼”?“老鬼”是谁?船上怎么还有名字这么奇怪的人,竟然叫“老鬼”!我在后半夜值班时,和队友聊起“老鬼”,把他吓了一大跳!后来发现,在我们科考船上,不光有“老鬼”,还有一群“小鬼”!

在 10 多天漫长的航渡期间，“大洋一号”科考船加速航行在茫茫大海上。科考队员除了调试设备，还要轮流值班。特别是经过海盗出没的海域，大家更是要提高警惕。

我也加入了防海盗的值班队伍，并且选择了在后半夜值班，需要从零点值班到凌晨 4 点。这也是最容易发生海盗偷袭的时间段。

为了在后半夜值班时有精神，我白天睡了一天的觉，直到晚上 11 点多，我才起床去吃夜宵。

船上还有夜宵？这么好！你一定会这样想。

其实，每一艘远洋科考船一启航，每天的伙食就是 4 顿，早、中、晚餐和夜宵。除了值班的科考队员以外，还有船员，他们是 24 小时轮班的。

夜宵是给晚上值班的队员和船员准备的。其实，夜宵就是一大盆面条，有时候是牛肉面，有时候是炸酱面，有时候是西红柿鸡蛋面，反正就是各种面。

“不变的面条，百变的卤菜，嘿嘿！”一个值夜班的科考队员嘴里塞满面条，边嚼边跟我说。

“我说怎么白天见不着你呢，原来这个时间点你才出现。”我已经好几天没看到他了。

“早啊，我的一天刚刚开始，哈哈！”一大口面条咽下去，他精神抖擞地说。

“早啊……”我也盛了一碗面，“我的一天也刚刚开始，我今天要去跟海盗较量一下！”

不一会儿的工夫，食堂里已经坐满了人，不少是值班的，更多的是“夜猫子”出来找食吃。大家边吃边聊，“大洋一号”的“深夜食堂”顿时热闹起来。

∨ 夜晚防海盗值班时，科考队员会定时打开消防水枪，向可能存在的海盗发出警告

> 防海盗值班结束时，太阳已经缓缓升起

“这两天怎么局域网里没新闻看了？”有人问道。

“对啊！”

“是不是春节期间没啥新闻啊？”

“春节期间才会有更多新闻呢，不是吗？”

大家你一言我一语地聊着。

“大洋一号”科考船上虽然不能上网，但有个局域网络，只要把电脑网线连接上，就可以在这个局域网里分享文字和图片。在局域网里，每天都会更新国内新闻，这几乎成了大家获得外界信息的主要来源。每天浏览一下新闻，也成了科考队员的习惯。

“这信息是谁发的呢？这么勤奋，每天都发。”我不由得问了一句。

“是那个‘老鬼’！”刚值完班的水手长把安全帽和沾满油污的手套放在桌子上，说道。

“‘老鬼’？‘老鬼’是谁？船上怎么还有名字这么奇怪的人，叫什么不好，叫‘老鬼’！”我的疑问更多了。

水手长似乎饿得不行，一边吃面，一边嘟囔：“‘老鬼’就是‘老鬼’嘛，你去下面找他！”

听得我云里雾里，水手长低头吃面，似乎再也没有兴趣和我说话。

“‘老鬼’家里好像有什么事情，要不然他会天天更新新闻，我们都等着看呢。”另一名水手说。

“‘老鬼’在哪儿？”我追问。

“在船下面！”水手盛了一碗面，趴在桌子上吃起来。

餐厅的下面是厨房，我决定值完班就去找“老鬼”。

4 小时的防海盗值班真的让人很疲惫，特别是凌晨 2 点左右，即使白天睡了觉，我还是感觉眼皮在打架。

我和一起值班的队友在船舷边走来走去，用探照灯照向大海，光柱消失在黑暗中。甲板被船舷旁的大灯照得透亮，船下传来哗哗的水声。海盗似乎对我们的科考船没有什么兴趣，不见踪影。

“船上有鬼你知道吗？”我突然想起“老鬼”，就随口问了一句。

“妈呀，有鬼！”队友似乎被我的突然发问吓了一跳。

“你紧张啥？听说船上有个人，叫‘老鬼’。”我笑着说。

“你吓我一跳！”刚刚还困得犯迷糊的队友，一下子精神啦。

“嘿嘿！”我傻笑。

“我听说过，他应该在船下工作，科考队员很少去那里，他是一个非常厉害的人！”他说。

“为什么叫老鬼？”我问。

“不知道。”他也不明白。

4 小时的值班很快就过去了，我回房间洗了把脸。在外面站了这么久，脸上沾满了湿热的海风吹来的“盐粒”。赤道区域的大海，让人整天都感觉浑身黏糊糊的。

趁着人还精神，我径直来到厨房，想看看谁是“老鬼”。

厨房里，厨师正在忙着做早餐，有的在炸油条，有的在切咸菜，有的在熬粥，还有一个不太像厨师的人在擦地。

“你是‘老鬼’吗？”我走到那个擦地的人身边问。

“你看我像鬼吗？”他抬起头，露出憨厚的笑容。

“他是医生！”炸油条的厨师扭过头来说。

“医生？”我怎么也无法把这个套着蓝色袖套、穿着长筒胶鞋的人和白衣天使联系起来。“你不是服务员吗？”我突然想起来，天天都能在走廊和会议室看到这名医生的身影。他每天都忙着打扫卫生，这一大早怎么又在厨房擦地呢？

“他这样多好啊，如果他在医务室里忙起来，就是有人生病啦！”厨师笑着说。

医生也笑了，继续埋头擦起地来。

早饭后，困意突然袭来，我倒头就睡，一觉睡到下午。

起来以后，我假装肚子疼，去找医生。果然在会议室里找到了他，他正在逐个儿擦洗玻璃杯。

医生把我领到医务室，给我仔细检查了半天，在我肚子上摁来摁去，问了我好几个问题：“哪儿疼？胀疼还是刺疼？吃了什么？……”

此时的医生换上了白色医务服，头戴白帽，似乎换了一个人，和平时的“服务员”模样截然不同。

“我看您就是‘老鬼’，一会儿是服务员，一会儿是厨师，一会儿又是医生，您就承认了吧！”我冲着医生傻笑。

“你肚子不疼啦？”医生从药箱里拿出了一些药。

“不疼啦，不疼啦！”我跳下床。

“‘老鬼’在船下的机舱里，我真的不是‘老鬼’。”医生又露出了憨厚的笑容。

“机舱？‘老鬼’到底是什么人呢？最近的国内新闻一直没有更新，大家都在议论。”

∧ 中控室，只有这里的噪声小一些，让人能喘口气

“机舱，就是轮机舱，那里可不是一般人待的地方……”医生又把拿出的药放回了药箱，“走，我带你去，小心你的耳朵。”

“走！”我已经迫不及待要去见“老鬼”了。

我和医生向船底走去，下了一层又一层台阶，当打开最后一道舱门

平静的海面如丝绸一般，红色的朝霞映在玻璃上，亦真亦幻

的时候，震耳欲聋的声音夹杂着浓重的机油味儿扑面而来，像一股巨浪，几乎把我推出舱外。

这里就是位于“大洋一号”科考船最底部的轮机舱，船舶的“心脏”——发动机就在这里。它发出的巨大噪声和热浪让人难以忍受。几秒钟的工夫，我就像刚洗过澡一样，浑身被汗水浸透了，耳朵里除了轰鸣声，什么都听不见。

“老鬼”带领的轮机部门就在这样的环境中工作。他们是“老鬼”“二鬼”“三鬼”，还有一群“小鬼”。

轮机部门为什么是一群“鬼”呢？

其实，不是“鬼”，而是“轨”。他们应该是“老轨”“二轨”“三轨”，还有一群“轮机员”。

这个“轨”，是从铁路上沿用下来的用法。以前的火车和轮船用的都是蒸汽发动机，而蒸汽火车要比蒸汽轮船出现得早一些。在最初的蒸汽船上，负责发动机的轮机员，大多是从铁路上过来的。于是大家就把铁路轨道的“轨”用到了他们身上，称呼轮机部门的负责人“轮机长”为“老轨师傅”，“大管轮”为“二轨”，“三管轮”为“三轨”。

看着是“轨”，听着就成了“鬼”。而且轮机舱里噪声震耳，来过这里的人都会说：“这是什么鬼地方！”

“大洋一号”科考船上的“老轨”正拿着手电筒在轮机舱里巡查，他逐个儿检查发动机的缸。早已被汗水浸透的连体服上，沾满了乌黑的油污。大颗的汗珠从他黝黑的脸颊上滑下来，噪声让我们无法正常说话交流，只好互相点了点头。我突然发现，后半夜在甲板上值班比在这里幸福多了。

原来，新闻是“老轨”的妻子每天整理后，发到他的邮箱，然后他再发布到船上的。这个习惯他们已经坚持了近10年，每年“老轨”都会出海大半年时间。最近临近春节，妻子回了老家，没时间整理新闻，这可把船上的科考队员们急坏了。

第二天，我在船头碰到了正在补漆的医生。

“您又变成水手了？刷漆的活儿您也会干！”我说。

“你肚子咋样了？找到‘老轨’就不疼了吧。”医生看透了我的小心思。

“我看您才是船上的‘鬼’，到处都是您的影子，哈哈哈！”

“这样最好了，说明你们都健健康康的，多好啊！哈哈哈！”

我和医生都笑了。

二副的“游戏机”

一位南极科考老前辈，竟然在“大洋一号”科考船上“玩游戏机”！这到底是什么样的“游戏机”呢？

前面大家认识了一群“鬼”，他们是一群忙碌在轮机舱里的船员。那么，驾驶台上又是一群什么样的人呢？你一定知道有船长。除了船长以外，还有几位协助船长开船的驾驶员。你能说出他们的称呼吗？

是大副、二副、三副。大副是船长的主要助手；二副主要负责船上的驾驶设备；三副主要负责船上的救生和消防设备。他们是“大洋一号”科考船的“掌舵人”。

虽然现代科考船上已经没有了大型的圆盘形船舵，但各种操纵杆和按钮让人眼花缭乱。大副、二副、三副天天站在驾驶台上，眼睛时而望向远方，时而紧盯屏幕。

海况好的时候，他们会和我聊两句；海况不好，或者到了作业区，船尾已经向深海投放了设备的时候，他们就没空搭理我了。

“驾驶台，驾驶台，请向东南方向走 50 米，东南方向。”对讲机里传出首席科学家的声音。

二副全神贯注地操控着“游戏机”

^ 翱翔在大洋上空的漂泊信天翁，它们经常光顾科考船，或登船歇脚，或停在船舷上好奇观望，科考队员得留意它们“空投”的白色炸弹——鸟粪

“好的，东南方向50米。”站在操作台前的二副，边回答边用左手熟练地按下几个按钮，右手小心地扳动一个不大的控制杆，目不转睛地盯着显示器，那上面有“大洋一号”科考船的模拟图像和各种数据。

十几秒的工夫，二副迅速拿起对讲机，“深拖，深拖，完成定位，完成定位！”他转过头冲我一笑，说，“像不像在玩游戏机？”已经年近半百的二副脸上洋溢着快乐和活力。

“深拖”是“大洋一号”科考船上的“深海拖体”的意思，也是我们前面提到的“箩筐”设备之一，它是寻找“烟囱”的重要法宝。

“船动了吗？”我望了望窗外，疑惑地问。看着二副操作完毕，我并没有感觉到船移动了。

“50 米的定位很难感觉到，但船确实已经动了，你看这里……”二副将我的视线引到显示器上，耐心地给我讲起他的“游戏机”。

“这是一套船舶动力定位系统，想找到‘烟囱’，它可是主力军。”二副拍拍显示器，竖起大拇指。

显示器中的图像酷似雷达的圆形成像。“圆心”位置是一只小船的形状，它显示的就是“大洋一号”的当前定位，经度和纬度都已经锁定。刚刚移动了 50 米后，小船就稍稍偏离了“圆心”一点儿。

“俗话说，‘坐如钟，站如松’，这套系统让‘大洋一号’科考船在海上‘坐如钟’，‘娃娃’才能‘手到擒来’呀！”二副继续说。

“就像直升机的悬停，保持位置不动，对不对？”我想到了首席科学家提到的“直升机抓娃娃”。

“对啊！”二副说。

“这套‘游戏’系统，最有意思的就是，你要时刻把风向、风速、海流速等各种因素考虑进去。它们就像游戏中的小怪兽，不断地来骚扰，使船来回摇晃。船要想保持不动，就要向它们发力，抵消它们的‘进攻’。而且还要根据需要，让船平稳地调整位置，有时候是几米，有时候是几十米。整个过程，我都在不断按动各种按键，扳动控制杆……”二副神采飞扬地介绍。

“大洋一号”科考船是国内为数不多的装备有船舶动力定位系统的科考船，它由驾驶台控制。在船底和船尾安装有主机、舵机、艏侧推、艉侧推等动力装置。就是它们，让“大洋一号”科考船“坐如钟”，便于“抓娃娃”。

其实，操控动力定位系统一点儿也不轻松，驾驶员必须时刻紧盯各种数据的变化，不断调整各个动力设备的运行。特别是在风向变化快、海流速度快的时候，很容易造成个别动力设备负荷过大、报警。最要避

∧ 科考队员在后甲板上将拖体投放到海中

免的是主机超负荷运转，一旦船的主机烧毁，就会酿成灭顶之灾。

最近几天海况比较好，科考队恨不得一天能有 25 小时用来寻找深海“烟囱”，这套“游戏机”更是一刻也没有停歇过。

大副、二副、三副在驾驶台轮流值班操控动力定位系统。值班时，几乎都是在“游戏机”前站 4 小时，不时地接收来自实验室首席科学家

< 两位水手正忙着为“大洋一号”科考船补漆，减少船体因海水腐蚀后产生的锈迹

< 三副在海图上测算作业区海域的各种数据

的指令，不停地和风浪“作斗争”，调整船的位置。

二副是“0 ～ 4”值班，也就是晚上零点到凌晨 4 点，中午 12 点到下午 16 点。下午的还好说，晚上的值班时间是“前不着村，后不着店”。不过二副有办法：拨钟！原来，他的“钟”，就是自己的“生物钟”，他已经习惯成自然了。

二副可不是一般人，他是 1989 年我国南极中山站首批建站和越冬队员，当时担任“极地号”科考船和南极中山站报务员，负责通信工作。已经 5 次远赴南极科考的二副，谈起历历往事，仿佛又变成了一个小伙子。

“当时接到越冬命令的时候，离‘极地号’科考船出发只有几天时间。”二副回忆道。

“开始越冬后，我们做的第一件事，就是赶紧把房子和地基焊结实，别让大风把我们吹跑。”二副笑着说。

我也经历过我国第 24 次南极科考的洗礼，回忆起中山站的每一栋建筑，每一根管道，感慨它们都渗透着这些首次抵达南极建站的老前辈们的心血与汗水。

他们不论身处什么岗位，都全力以赴投入到建设中山站的巨大工程中。没有房子，睡帐篷；没有淡水，喝雪水……克服各种困难，在天寒地冻中建起一栋栋房屋，十分令人敬佩。

“为什么您又成驾驶员了？”我问道。

二副一乐，说：“1999 年休假的时候，我想给自己的人生路再创造点儿什么，就决定试着考考船舶驾驶员。”就这样，当时已经 40 岁的二副和一些怀着海洋梦的年轻人一同走进了考场……赞！

晚上，在“大洋一号”科考船的健身房里，我碰到了来打乒乓球的二副。“晚上一起来驾驶台‘玩游戏机’啊！”二副冲我招手。“我可起不来……”我赶紧摇头。大家都乐了。

第四章

电影院里的“黑暗一小时”

“大洋一号”科考船上的“电影院”开业了，一群人围着一个小小的屏幕，看得聚精会神。播放的是什么影片呢？不光看电影，大家还玩起了“抓娃娃”游戏。经历了“黑暗一小时”，科考队员的心都揪起来了，到底发生了什么？

“大洋一号”科考船抵达作业区后，白天海况一直不好，风力在 7 级以上，也就是风速超过了 13 米每秒。船摇晃得厉害，没有办法投放深海“箩筐”，我们只好在作业区转来转去，做一些常规的数据采集工作，等待时机。

晚上，天气有所好转，海里的涌浪开始逐渐变小。

“开始投放拖体！”首席科学家一声令下，早已处于待命状态的科考队员有条不紊地开始工作。

在驾驶台值班的三副操控船舶动力定位系统。“船向西前进大概 100 米后停船！”三副手中的对讲机中传来首席科学家的指令。“收到，向西前进 100 米……”三副重复道，并迅速转舵，动作迅速敏捷、干净利索，“……停船。”

船尾甲板上的几名甲板作业组科考队员，小心翼翼地将近 2 吨重的深海拖体放入海中。他们左右各站成一排，手里使劲儿拽着拖体上的缆绳，防止拖体产生剧烈摇晃。

为什么叫拖体呢？还记得“箩筐抓娃娃”吗？那就是科考船的船尾拖着大“箩筐”在海上“游荡”。除了拖体，还有拖网，它像一个大漏斗，拖在船尾，打捞鱼虾；还有电视抓斗，它像一只长着眼睛的大手，可以抓起海底的“烟囱”。

深海拖体外形酷似巨大的钢筋笼子。走近一看，每一根钢筋上都伤痕累累，包裹的橡胶套已经残缺不全。科考队员说这些都是在海底与岩石碰撞后留下的。

深海拖体的“肚子”里全都是精密仪器，最主要的是一套抗高温高压的深海摄像装置，能够垂直拍摄海底影像，并能将影像实时传输到实验室里的电脑监视器，以便守候在监视器旁的科学家及时发现海底“烟囱”。这套装置上面还挂有很多测量海水参数的仪器，能够实时记录并

∨ 科考队员拉紧缆绳，防止深海拖体随着船舶剧烈摇晃

传输海水温度、深度、盐度、浊度等参数。

“这套设备是我们的科学家根据科考需要，自主设计并组装的。虽然从设备上我们与发达国家还有差距，但我们就是靠这些自主组装的设备，在太平洋东部海隆发现了大面积海底‘烟囱’。”首席科学家说。

在后甲板科考队员的努力下，深海拖体顺利下水。此时，天色已近全黑，“大洋一号”科考船上灯火通明，一群信天翁在船舷旁边的海面上避风，时不时地飞到甲板上空，好奇地往下看，队员们友好地向它们招手。

“500 米，1000 米，1500 米……”拖体下放深度不断增加，位于船底层的拖体实验室里已经挤满了人。

大家都目不转睛地盯着监视器屏幕，等待一睹“烟囱”的真容。

拖体下降的过程中，屏幕上的影像里只有不断涌现的气泡，像电影里穿越时空的画面。后来，屏幕上开始出现类似珊瑚礁的图像，各种岩石遍布海底。

深海拖体在海底洋流的作用下，不停地颠簸，画面好像是在秋千上拍摄的一样，时而紧贴海底，甚至撞到岩石上，时而高高荡起，视野模糊。

“大洋一号”科考船上的“通宵电影院”开始“营业”啦，科考队员们围坐在一起，期待发现“烟囱” >

“是黑白摄像机吗？”我发现影像没有色彩，不由得发问。

“是彩色摄像机，但海底没有光源，设备自带的摄影灯亮度有限，所以拍出来像黑白画面，仔细看还是能看出颜色的。”首席科学家回答。

“三副，三副，实验室呼叫，按照既定路线航行！”首席科学家打开对讲机呼叫驾驶台。

“收到，收到！”对讲机里马上传回三副的回复。

“大洋一号”科考船开始沿着印度洋的洋中脊航行，屏幕上的画面不停地变换，实验室里逐渐安静下来，大家都希望尽快看到有“烟囱”状的冒烟物体出现在画面中。

“要是一直发现不了怎么办，就一直看下去吗？”过了 3 个多小时，大家只看到了一些深海鱼和海星，我困得坐不住了，此时已经接近午夜。

“我们这里是‘通宵电影院’，哈哈。只要海况允许，设备正常，我们一般都是看通宵的。”首席科学家还很精神。

“上一次发现‘黑烟囱’群的时候，那场面真叫壮观，屏幕里烟雾缭绕，一下发现了 5 个‘黑烟囱’！希望这次也能有收获。”他接着说。

“大洋一号”科考船上的“通宵电影院”就这样“营业”啦！

首席科学家坐在离屏幕最近的位置上，专注地盯着画面，不时地看一下各种参数。

记录员每隔 15 分钟记录一次拖体深度、海水温度、经纬度，以及海底地形特征等信息。

钢缆操作员根据地形高低，对缆绳进行收放微调。

其他好奇的科考队员把实验室挤得满满当当的，来晚的只能凑到门口使劲儿往屋里探头张望。

“电影”虽然单调，只能看到各种形状的岩石，设备撞击海底腾起的烟雾，以及偶尔出现的深海鱼、海葵、海星，但队员们看得津津有味，都期盼着下一秒能发现冒着浓烟的“烟囱”。

不知是谁把一大袋瓜子拿进来，静静的实验室里突然响起“咔咔、咔嚓”嗑瓜子的声音，这下子真的成了电影院了。

…………

“抓！”首席科学家一声令下。

钢缆操控员应声猛推操控杆，重达2吨的电视抓斗重重地落下去，直逼海底“烟囱”。

突然，监视器屏幕黑屏了！

负责抓斗“合闸”按钮的科考队员还没来得及按下按钮，“通信中断了？……”

“大洋一号”科考船深拖实验室里的空气一下子凝重起来……

这一幕发生在凌晨，已经3点多了。深拖实验室的“电影”已经播放了一天一夜，刚刚发现了“烟囱”的踪迹，可放下抓斗的一瞬间，屏幕却黑了。抓斗到底有没有合拢？它抓到“烟囱”了吗？大家心里都没有底。

“收缆吧，希望设备没有丢。”首席科学家的额头上冒出了汗珠。

“电影院”的屏幕上，电视抓斗拍摄到了深海的白色珊瑚

“大洋一号”科考船在科考中曾出现过丢失设备的事故。当时的海况很差，船舶定位非常困难，后甲板在风浪中忽上忽下。高负荷运转的缆绳，在滑轮处猛然被扯断。

因断裂而弹回的缆绳，像抽动的皮鞭打在A型架上，发出巨大的声响。万幸没有打到科考队员，否则被打的人可能会受重伤或丧命。价值几百万元人民币的设备就这样石沉大海……

现在，回收将近2000米的缆绳，需要1个多小时的时间。已经奋战了一天一夜的科考队员们情绪低落到了极点。

谁都没想到，眼看就要享受成功的喜悦时，“一片黑暗”无情地袭来。

“只要设备没事就好，这次没抓到样品，我们还可以继续努力！”满眼血丝的首席科学家始终盯着黑黑的屏幕，希望能出现奇迹。

科学探索之路就是这样，处处充满艰险。在未知的世界面前，人类显

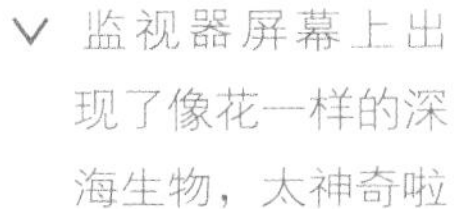

监视器屏幕上出现了像花一样的深海生物，太神奇啦

1

< 凌晨时分，电视抓斗终于要上船了

得十分渺小。科学上的每一大步，都是科学家们一步步、一年年积累出来的。不论失败还是成功，今天的每个细节都会成为探索的不朽进步。

和科学家们一同奋战了一天的我，此时已经疲惫不堪，抱着摄像机，靠在椅子上沉沉地睡着了。

“醒醒，快出水了！”此时，天色已经蒙蒙亮了，我睁开眼睛朝窗外望去。

“设备应该没有丢，缆绳的张力数据一直正常，说明下面还吊着东西。”钢缆操控员信心十足地说。

凌晨 4 点半左右，电视抓斗终于露出了水面，“黑暗一小时”终于过去了。

满满“一箩筐”的“烟囱”样品被成功抓了上来！

虽然经过几千米海水的洗礼，样品几乎变了形、散了架，但科学家仔细筛选后，确定这些黑乎乎的“泥巴”就是“黑烟囱”，里面含有丰富的矿物质。零星的几个贝类和虾更证明了科学家的判断。

< 虽然黑暗了一小时，但这次“抓娃娃”的收获还不少

负责维护设备的队员赶紧对电视抓斗进行全面检查，想搞清楚刚才为什么“黑屏”了。

“摄像头破了，通信缆也有问题。”队员得出初步结论。

我凑到“伤痕累累”的抓斗旁，包裹在抓斗摄像头外的钢套玻璃已经不见了，厚度近 2 厘米的耐高压摄像头上，出现了一个大拇指大小的洞，这应该是发生剧烈碰撞导致的。

科考队员像失去一名战友一样将摄像头卸下。幸运的是，船上还有备用摄像头，“电影院”还可以继续“营业”。

“咱们在海上‘抓娃娃’也是要靠运气的，这一次的运气不错！休息一下，大家继续‘看电影’‘抓娃娃’！”首席科学家打趣地说，大家都被他逗乐了。

天边被朝霞染成红色，红红的太阳从印度洋海平面缓缓升起，新的一天开始了……

DYNACON, Inc.
BRYAN TEXAS USA www.dynacon.com

漂来一个不明物体

海面上出现了一个不明物体，圆滚滚的，全身都是橘红色的，肚子下面坠着黑乎乎的东西，若隐若现，它是传说中的海怪吗？

“快看！那是什么？”后甲板上的几名科考队员刚刚把一条“尾巴”扔到海里，海面上突然出现了一个圆滚滚的橘红色不明物体。

“扔尾巴”的工作进行得很顺利。这条“尾巴”是一串浮力球，队员们叫它“锚系设备”。它们的最尾端连接着一套监测设备，用来记录海底洋流的流向、流速以及海水温度等信息。把这条“尾巴”拉伸开时，它就像一条大毛毛虫。

“扔尾巴”就像往大海这口锅里下面条，先把末端最重的设备吊起，投放到海里，后面一个球接一个球地往海里放。

这些球，可不是简单的球。它们直径将近 1 米，加上十几千克的重量，在海水的摇荡下，很有“杀伤力”。为什么呢？这要从科考队员的鞋子说起。

多年前，“大洋一号”科考船上的科考队员们统一配发工作服和安全帽。毕竟，和这么多钢铁设备一起出海，科考队员的人身安全是最重要的。

∧ 橘红色不明物体

∨ 科考队员开始“扔尾巴”，它是一长串浮力球，被称为“锚系设备”

< 头戴安全帽，身穿连体科考服，脚踏“钢板鞋”，这就是“大洋一号”科考队员的全套行头

至于队员脚上穿什么鞋子，就比较随意了，除了禁止穿拖鞋以外，其他什么样的鞋都可以在后甲板上见到。比较受队员欢迎的，是防滑效果比较好的胶底鞋。后甲板经常会有海水涌上来，十分湿滑，一不小心就会滑倒。

唯独一个人，他穿上了一双厚厚的“钢板鞋”。他姓杨，我们都叫他“老杨”。他这双鞋特别显眼，鞋面里装有内置钢板，显得笨重，但它十分坚硬，能够保护脚趾。可这鞋子呀，穿起来很沉，特别是脚掌部位，比脚跟沉了很多，走起路来很不舒服。

老杨坚持穿他的“钢板鞋”，他说是家人给他买的，他觉得家人给他买这样的笨鞋，肯定是有道理的。

有一天，在回收“尾巴”的时候，海里的涌浪突然大起来，船上下颠簸、左右摇晃，已经吊起的浮力球，也来回摇摆起来。在旁边试图用绳子拉紧浮力球的老杨，险些被摇摆中的球体撞倒，他快速后退几步。

为了防止浮力球摇晃得太厉害，伤到人，控制缆绳的队员下意识地快速将浮力球放下来。说时迟，那时快，浮力球重重地砸在了老杨的脚上。

“顿时脑子有些蒙，就感觉脚面一麻。”老杨回忆说。

当浮力球被挪开后，老杨发现自己腰部的衣服被划破了一个口子，他动了动脚趾，感觉还行，没有骨折，再一看鞋子，鞋面的钢板凹进去了一个坑。

老杨脱掉鞋，医生赶紧上前检查。老杨的脚掌除了被钢板蹭破了点儿皮以外，没有伤到骨头。大家这才意识到，穿一双“钢板鞋”多么重要！从此以后，科考队给每名科考队员都配发了“钢板鞋”，并要求大家在后甲板工作时，必须穿“钢板鞋”。

“瞧瞧，相信亲人的选择，多重要！”老杨嘿嘿一笑，说道。

…………

科考队每次扔出“尾巴”后，大概过一个多月，就要回收。刚刚扔出去的那条“尾巴”，要等到下一个航段再来回收。这一次，要回收一

个多月前上一个航段扔下的“尾巴”。

“收！”首席科学家按了一下上个航段“尾巴”的遥控器。

就在这时，大家发现了一个圆滚滚的橘红色不明物体，隐隐约约漂浮在远处的海面上。

“我刚刚释放了上个航段的浮力球，它们从快 3000 米深的海底浮到水面，至少要 90 分钟的时间，这球是从哪儿冒出来的？这么大，不像我们的浮力球，它是个什么东西呢？”首席科学家拿起望远镜一边向远处望，一边自言自语。

要想回收“尾巴”，得先释放浮力球，然后扔掉“尾巴”上的负重物，一般是一个大铁块或水泥块，这样，浮力球就会在浮力的作用下，带着设备返回海面。

“这个海域好像没有其他国家开展类似的科考啊，怎么会有这么个大球？”首席科学家嘟囔道。望远镜似乎“长”到了他的头上，他不停地看啊看。

时间飞快地过去，那个橘红色不明物体还在随风漂荡，隐约可以看到它的下面还坠着什么东西。

“咱们的球上来了！”不知是谁喊了一句，大家的关注点马上转移到了船舷的另一边，海面上漂起一连串鲜红色的浮力球。

首席科学家一声令下，科考船掉转船头，直奔目标。一共有 5 个鲜红色的浮力球，形状好似锣鼓，不远处还有两个浅黄色的，仪器就在它们的下面。

“收尾巴”的工作也不轻松，十几名队员费了九牛二虎之力，才将“尾巴”吊运到后甲板上，队员们一阵欢呼。首席科学家又默默地拿起了望远镜，寻找那个不明物体。

“这个海域是我们国家申请的科考区域，为什么会有这么奇怪的球出现呢？是哪个国家的？为什么没有人打捞它呢？它的下面坠着一团黑乎乎的东西又是什么？”首席科学家又开始自言自语了。

< 不明物体上布满了藤壶，科考队员用手指一碰，它们就会快速缩回壳内

“走，把它捞上来！”首席科学家再一次用望远镜锁定了那个不明物体，他决定要一探究竟。

“大洋一号”科考船很快航行到了不明物体附近。

这个球非常大，直径 2 米多，通体为鲜艳的橘红色，在蔚蓝的海面上格外显眼。它的外层裹着一层淡绿色的尼龙网，几只停留在海面上休息的信天翁，好奇地慢慢靠近它，但又小心地与它保持距离。

不明物体底部黑乎乎的坠物，像是一段很粗的缆绳，再往下就看不清了，不知道海面以下还有什么，难道它也是一个“尾巴”？

“谁能把它捞上来？”首席科学家问大家。

“不会有毒吧？”“下面有没有海怪？”科考队员你一言我一语地猜测起来。

“谁捞上来，晚餐加两个鸡腿！”首席科学家故作严肃的话音刚落，一根带钩子的绳索飞向了不明物体。

< 布满藤壶的绳子像一条巨大的章鱼腕足，科考队员背起它，向我招手

3 名队员使出了吃奶的力气，终于把这个不明物体拉上了船。不明物体的底部一露出水面，大家都惊呼：“啊！这么多藤壶！还有螃蟹！”

原来，不明物体的下面并不是什么设备，也不是什么海怪，而是一节短粗的绳子。大家推测，橘色球可能是渔民在近岸海域开展养殖的浮力装置，不知什么原因，绳索断裂，它漂洋过海到了这里。可能在海上漂浮的时间太久了，绳子上面满是藤壶，还有几只小螃蟹，它们把这个不明物体和绳子当作了家。

难怪信天翁停在周围不停地窥探，它们是想吃螃蟹，但又害怕橘红色不明物体。

船上的“吃货”们有了口福，这些海鲜可以让大家好好吃一顿。

首席科学家松了一口气，“这不明物体吓了我一跳！走，吃海鲜去！”

走着！

看到这里，你是不是觉得“大洋一号”“抓娃娃”不过瘾？别急，咱们这就来认识一位新朋友，探海神器——“蛟龙号”！

蛟龙
COMRA

探海神器出场了

科学在进步，技术在发展。2009 年，我们国家又新增了一个大国重器——“蛟龙号”载人深潜器。2012 年，“蛟龙号”载人深潜器在马里亚纳海沟创造了下潜 7062 米的世界纪录。载人深潜器到底是个什么样的神器？马里亚纳海沟有 1 万多米深，深潜器为什么不直接潜到底？

“深海挑战者号” > 单人潜水器

那一年，我穿上蔚蓝色的科考服，戴上深蓝色的安全帽，带着我的摄像装备，登上了“向阳红 09”科考船。它是我国海洋科考的功勋船，已经服役 30 多年了。如今，它搭载着“蛟龙号”载人深潜器和科考队员们，再次出发。

载人深潜器，顾名思义，就是搭载着人类下潜到深海的潜水器。

设计师在设计“蛟龙号”时，就确定了它 7000 米的最大下潜深度，所以“蛟龙号”也叫“7000 米级载人深潜器”。为什么不直接设计成“万米级”的呢？就像卡梅隆导演一样，操控着潜水器下潜到马里亚纳海沟的底部，是不是更好？上船后，我有一堆的问题要问科考队员。

如果你对卡梅隆导演下潜到马里亚纳海沟的事情不太了解的话，我先跟你唠叨两句。

话说，2012 年 3 月的一天，美国好莱坞导演詹姆斯・卡梅隆——你可能不熟悉他，但你一定听说过《泰坦尼克号》这部电影，他就是这部电影的导演。卡梅隆导演驾驶着一艘名为“深海挑战者号”的单人潜水器，下潜到了海洋最深处——马里亚纳海沟的最底部，深度达到了 10898 米，而且还拍摄了一部纪录片《深海挑战》。

2012 年 6 月的一天，我国的“蛟龙号”在马里亚纳海沟创造了 7062 米的最大下潜深度纪录。

一个是 10898 米，一个是 7062 米。单纯从深度上来看，我们的“蛟龙号”似乎没有什么可以骄傲的，比卡梅隆导演下潜的深度少了 3000 多米呢！是不是咱们的“蛟龙号”不行呢？

当！然！不！是！

因为“蛟龙号”和“深海挑战者号”根本不是一个序列的“选手”！就好比，让一名跆拳道选手和一名摔跤选手比赛跳高一样！听着

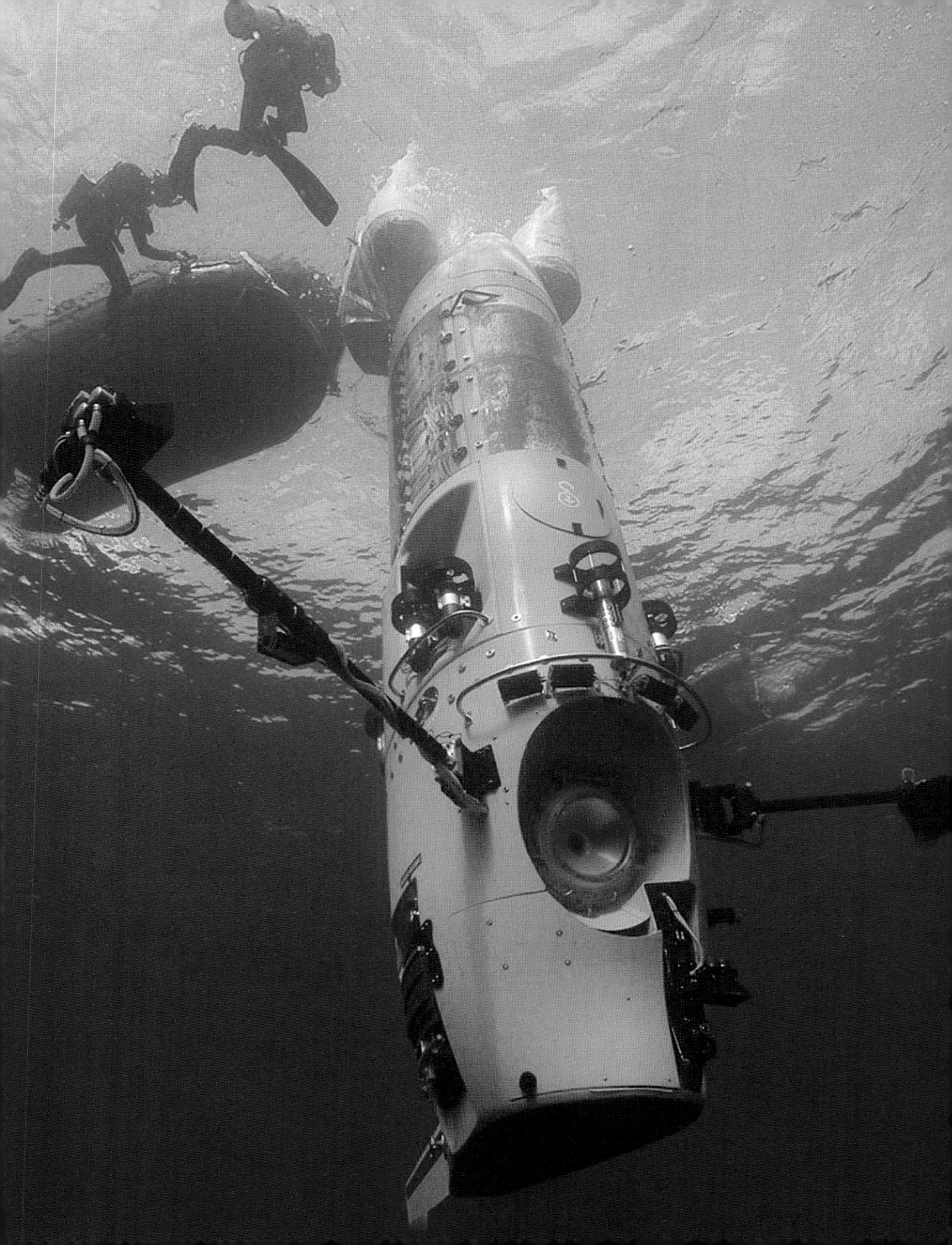

就有点儿乱，是不是？

在解释为什么不把“蛟龙号”设计成“万米级”载人深潜器之前，我们先来认识一下“蛟龙号”的异国朋友们。它们的名字都很好记——“阿尔文”“鹦鹉螺”“和平”“深海 6500”。它们同属于“作业型潜水器”，这个“作业”可不是在海底写作业，而是在海底工作。

“阿尔文”，1964 年“出生”在美国，它可以下潜到 4500 米的深海，里面可以乘坐 3 个人，除去上浮和下潜的时间，一般可连续在海里工作 4 小时。它有两次特别牛的经历，都可以吹牛一辈子了。一是 1966 年时在西班牙东海岸，它找回了美国丢失在那里的一颗氢弹。氢弹啊！不得了，是可以瞬间摧毁一座城市的核武器！二是在 1985 年，它找到了“泰坦尼克号”沉船的残骸。牛！不过，这个“倒霉蛋儿”在 1968 年“不小心”掉海里了，搭乘的科学家虽然成功逃了出来，可是它却在海里泡了 11 个月。还好，经过大修后，“阿尔文”又“活”了过来，在 1977 年第一次在太平洋发现了“烟囱”和从未见过的生物。

“阿尔文”

∧ “鹦鹉螺”

“鹦鹉螺”，1985 年“出生”在法国，它可以下潜到 6000 米的深海，里面也可以乘坐 3 个人，除去上浮和下潜的时间，一般可连续在海里工作 5 小时。它和凡尔纳的科幻小说《海底两万里》中的潜水艇同名，富有传奇色彩。

“和平”，是一对“双胞胎”，1987 年“出生”在俄罗斯，一个叫“和平 1 号”，另一个叫“和平 2 号”。它们可以下潜到 6000 米的深海，它们俩最厉害的地方就是可以连续在深海里工作 20 小时，电影《泰坦尼克号》里面有很多镜头就是它们俩协助卡梅隆导演拍摄的。它们还去北极开展过科学考察，也很牛！

“深海 6500”，1989 年“出生”在日本，它的下潜深度就不用说了，已经写在名字里了。它可以连续在深海工作大概 8 小时。

认识了它们以后，大家又有什么新的感受呢？它们都能搭乘 3 个

しんかい6500

< “和平”

人，而且都能在深海连续工作好几小时。

看过图片后，我们会发现，它们长得都和“蛟龙号”差不多，像一只胖胖的大虾，两只“小钳子”长在前面，可以抓取深海的宝贝。

它们可以在深海自由上浮和下潜，速度快，很灵活，还能侧向移动，甚至翻滚，可以应付各种海底地形，完成深海调查、搜索沉船和搜寻有害废料等任务。

它们同属于“作业型潜水器”家族。

这么一对比，你可能发现了，在这个家族里面，没有一名成员的下潜深度能够超过“蛟龙号”。

“我怎么听说人类下潜的最深深度是10916米呢？”关注深海探测的人可能要发问了。

这个能够下潜10916米深度的大家伙，名叫“的里雅斯特号”，它“出生”在瑞士，是皮卡德父子研制的，后来被美国海军买下来了。1960年1月，它在马里亚纳海沟创造了10916米的下潜深度。

< “深海 6500”

大家一定要注意，它和“深海挑战者号”一样，只是下潜到万米的深度，看看就回来了，什么都没做。“深海挑战者号”虽然也有“小钳子”，但在万米的深度下，“小钳子”漏油了，坏了，不能动！它携带更多的是摄像机，毕竟卡梅隆导演是去拍纪录片的。

“的里雅斯特号”里面只能乘坐两个人，“深海挑战者号”里只能蜷缩卡梅隆导演一个人。它们追求的是极限深度，下潜一次后，很多设备就不能重复使用了。

“蛟龙号”和它的朋友们，则是去工作的，它们需要成百上千次地下潜，不断探索深海的奥秘。

那7000米这个深度就是为了比“深海6500”的多500米吗？当然不是这么简单！

“可燃冰一般分布在2000 ~ 3000米深的海底，热液‘烟囱’一般分布在3000 ~ 4000米深的海底，多金属结核（一种铁、锰氧化物的集

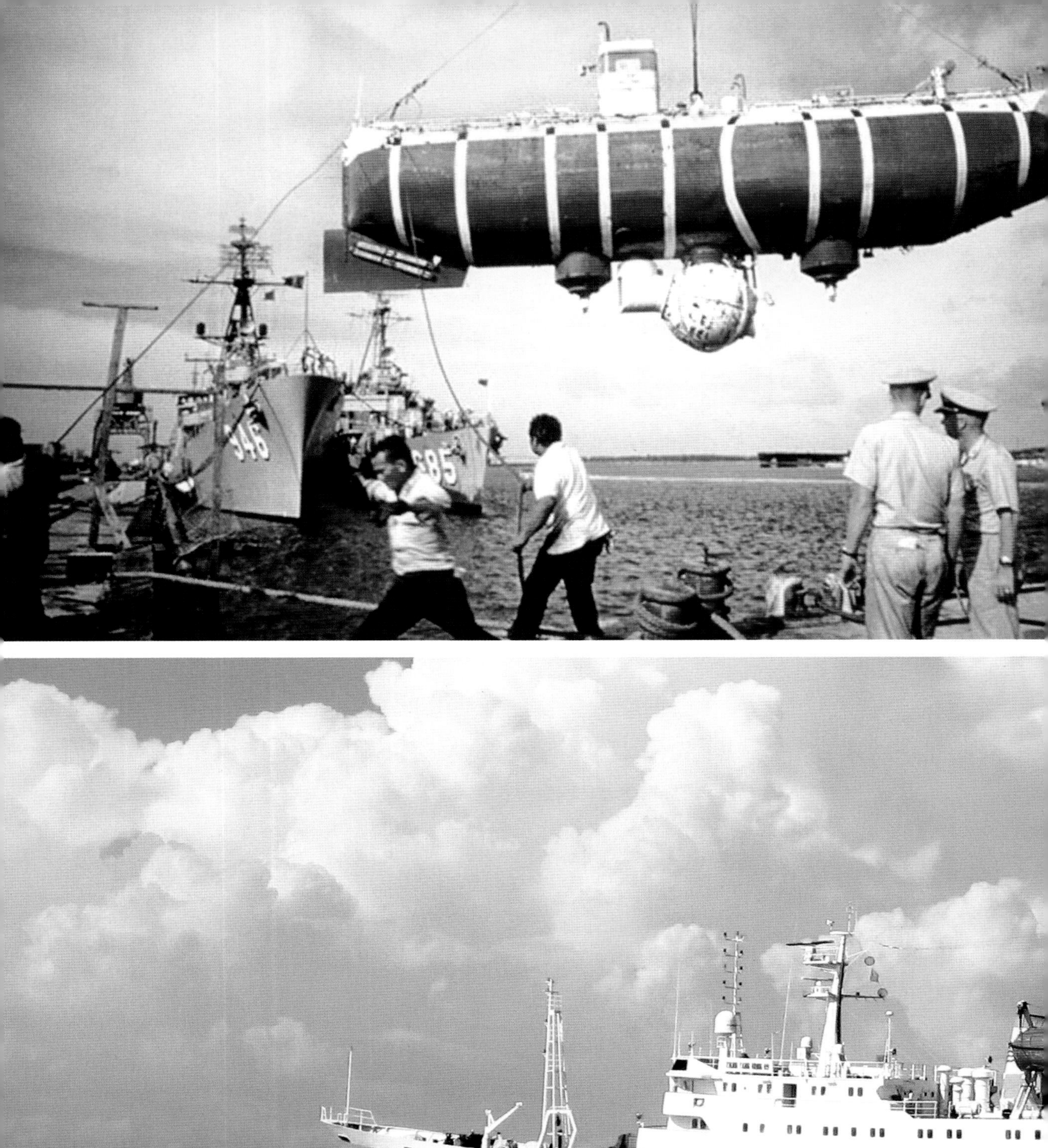

< “的里雅斯特号”

合体）等重要矿产资源则主要分布在 5000 米深的海底。7000 米的下潜深度，已经能够覆盖全世界 99.8% 的海洋底部，足够了！目标定得高一点儿，我们的海底探测等工作会更顺利一些，这就是科学精神！”“向阳红 09”的科学家这样说。

没错，这就是科学精神！给祖国的“蛟龙号”点赞！

∨ “向阳红 09”，它是“蛟龙号”的母船，也是科考队员的家

第七章

“蛟龙”的霸气装备（上）

“蛟龙号”下海一个来回至少要8小时，它要面对深海的黑暗，承受海水的压力。深海中很多未知的困难和危险让人措手不及，它练就了什么本领才敢潜入几千米的深海？它有什么霸气装备呢？

“蛟龙号”载人深潜器是我国科学家自主研制的深海探测装备，它的外形像一只红白相间的可爱胖胖虾，身长8米，体重22吨，“胖”并不影响它的“矫健”。就像胖胖的帝企鹅，虽然在陆地上走路歪歪扭扭，一下水就像发射出去的导弹一样，嗖嗖嗖！

让我们仔细打量一下这只“胖胖虾”，看看它到底都有哪些霸气的装备。

“乾坤龙珠”

这颗“龙珠”就藏在“蛟龙”的肚子里。之所以叫“龙珠”，是因为它是圆球形的载人舱，是“蛟龙”最宝贝的装备。它的直径有2.1米，是用钛合金制成的，耐高温、高压，而且很轻。

科考队员就是在“龙珠”里面完成下潜工作的，“龙珠”就是他们的保护壳，带着他们“扭转乾坤”，遨游在海底深渊。所以我称它为“乾坤龙珠”！

“龙珠”里可以容纳3名科考队员，其中一名为潜航员，两名为科学家。因为“龙珠”是球形空间，3个人只能弓着腰在里面活动。

驾驶台位于“龙珠”的正中央，它就像飞机驾驶舱一样，各种操纵杆、显示屏、按钮等让人眼花缭乱。潜航员就是在这里操控“蛟龙号”的，驾驶台两边可以各坐一名科学家。

“龙珠”最重要的是“生命支持”功能，可以给3名乘员供给氧气，还可以过滤多余的二氧化碳。

在“龙珠”的脊背部位，可以看到一面墙，上面放满了氧气瓶。它们一部分是常规使用的；另一部分是应急时才启用的。常规使用的氧气瓶，足以支持潜航员和科学家3个人正常工作12小时。如果出现意外

∨ 脱掉救生衣的“蛟龙”露出了“乾坤龙珠”的真面目

^“龙珠”里面空间狭小，潜航员学员正在调试设备，感觉他一个人就快占满了“龙珠”

情况，所有氧气瓶中的氧气加起来最多可以支撑氧气供应 84 小时。

科考队员呼出的二氧化碳通过过滤，保持其在空气中的含量为 0.2% 左右，“龙珠”内二氧化碳含量太高的话，科考队员会二氧化碳中毒。“龙珠”内的氧气总含量一般会控制在 20% 左右。

“20%？低不低啊？是不是预防科考队员醉氧？”我很好奇。

“一般在医院里救护病人的时候才用纯氧，如果在‘蛟龙号’载人舱内使用高纯度的氧气，对于科考队员的身体其实没有什么影响，但会有安全隐患。”潜航员说。

高纯度的氧气对人体有益，但是在放满各种仪器设备的“龙珠”内，容易引发火灾。设备的线路万一起静电冒了火，在氧气含量较高的环境下就有爆燃的危险。

仔细观察“龙珠”内的墙，会发现墙面上有很多凹凸不平的纹路，有点儿像飞机座舱的墙面。

“不想淋雨的话，就必须用这种墙面！”潜航员说。

淋雨？“蛟龙号”里还会下雨？先卖个关子，相信你一定能从后面的内容里找到答案。

“流光天眼”

“龙珠”是科考队员的保护壳，如果在“龙珠”上面开几个洞，科考队员会愿意吗？当然，必须愿意！他们不能“困”在“龙珠”里，总要通过窗户，观察舱外的深海世界。

3 名科考队员，需要一人一个窗口。从内部看，每个窗口都不大。

从“龙珠”里面看，中间最大的，是一个直径 20 厘米的玻璃窗，和家里的锅盖差不多大。两边的窗口，则只有巴掌大小。

但从“龙珠”外面看的话，中间的窗户有公共汽车轱辘那么大，直径差不多有 80 厘米；两边的小窗户，有小轿车轱辘那么大，直径差不多有 60 厘米。

这 3 个窗户为什么外面大、里面小呢？

这个问题可以和另一个问题一起思考，就是载人舱为什么要制造成“龙珠”似的球形。看到“乾坤龙珠”时，你可能就想到这个问题了。为什么呢？

∨“流光天眼”平时是闭上的，盖上了保护盖。仰视“蛟龙”，鱼眼镜头拍出了“大眼睛”的效果

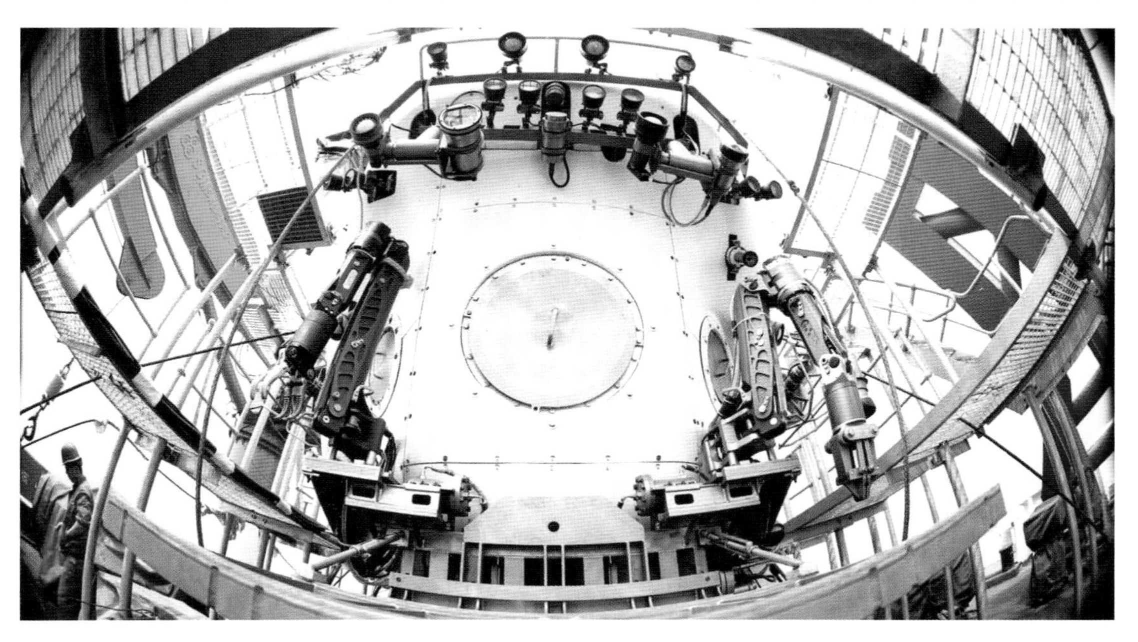

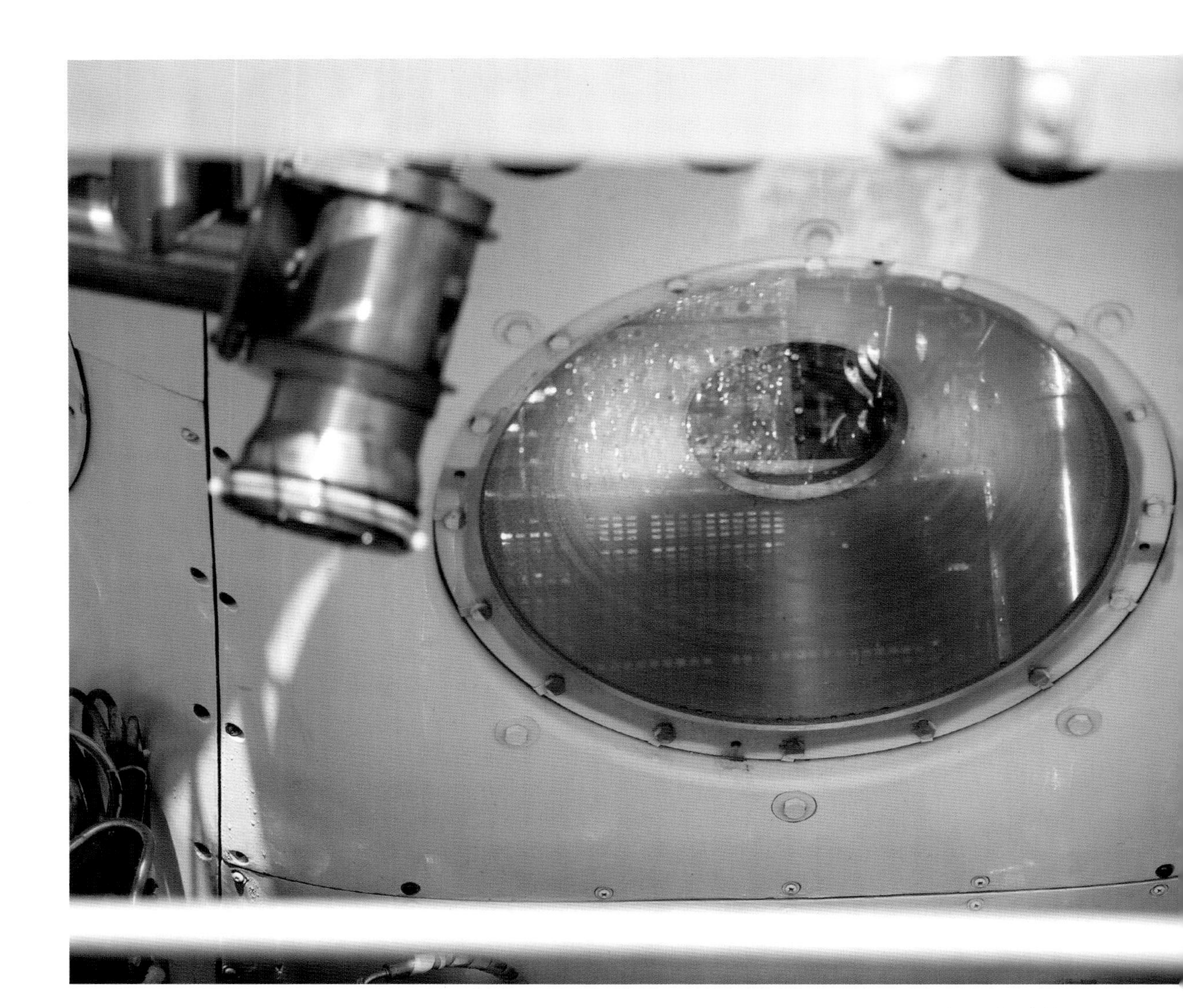

∧ 看到炯炯有神的“大眼睛”了吗？外大内小的构造，到了深海会被越压越紧

原因就是，深海“压力山大”！

还记得“的里雅斯特号”吗？它就是一个圆球。这种球形，可以很好地分散压力，到了深海更不容易被压扁。

外大内小的窗户，到了深海后，海水的压力会把窗户玻璃越压越紧，这样就不会从窗户缝里漏水了。

开这 3 个窗户，就像在“龙珠”上开了“天眼”一样，窗户的大小

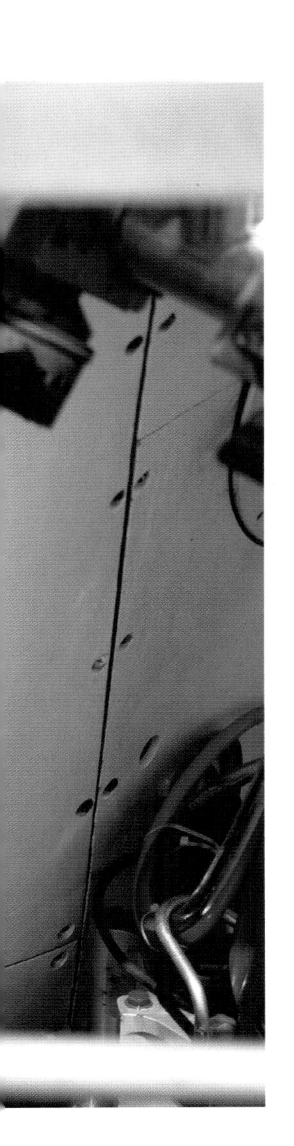

和窗户间的距离都要经过十分严格的计算，才能保证不出问题。

把“龙珠”的窗户称为“流光天眼”，是因为在伸手不见五指的黑暗深海，需要强烈的灯光，才能看清周围。光有“眼”还不够，还需要有强光。

“蛟龙号”上共配备了17盏大灯，能够让科考队员透过窗口看清15米远的范围。“天眼”一照，海底一定范围内瞬间变得通透明亮，许多“没见过世面”的生物会不请自来。都有什么生物呢？咱们后面接着讲，别着急。

“通天低吼”

手机拉近了我们彼此间的距离。生活中，我们只要拿起手机，哪怕是在南北极科考站的朋友，都可以很快联系上。到了海里，手机就无计可施了！

因为手机是依靠电磁波联络的，但电磁波在海水里衰减得很厉害，基本上传播不了多远，就消耗完了。“蛟龙号”依靠什么和水上的人保持联络呢？

聪明的科学家总能找到办法，他们在自然界寻找方法，真的找到了！他们模仿鲸鱼的联络方式，依靠声波，而且是低频的声波，实现了海中长距离的信息传播。

你发现了吗？大自然总是被模仿，但她从未被超越！我们要保持向大自然学习的心态，去面对她，去学习她，去保护她！

“蛟龙”的这套“通天低吼”通信系统，需要先把文字、语言和图片等信息编码处理后，转换为声学信号，然后通过海水传递到水面的接收器上，再还原成文字、语言和图片。完成这一系列动作需要一点儿时间，所以水面作业团队和“蛟龙号”联络时，总会有一两秒的延迟。

“喂，喂，喂，你在哪儿呢？”这是我们打电话时常说的一句话。打开手机的导航功能，我们可以很快知道自己在哪儿。“蛟龙号”又是如何知道自己位置的呢？

“蛟龙号”的“通天低吼”之所以能够“通天”，是因为它还能够准确定位自己的位置，并随时反馈给水面的科考队员。很厉害吧！“通天”功能同样也是依靠声学原理，科学家称之为“基线定位系统”。或许不久的将来，移居到深海的人类会发明“深海手机”，那样就可以很方便地与水面的人保持联络了。

< 你能找到“蛟龙号”的“通天低吼”吗？对了，就是天线和小黑盒子

第八章

“蛟龙”的霸气装备（下）

“龙旋破军手”“血魂战甲”“神龙铁锭”“魔篮”“聚能心”“旋风灵鳍”“暗夜潜伴”，这些霸气装备又是什么呢？

“龙旋破军手”

“蛟龙号”有两个小钳子似的机械手臂。和寄居蟹一样，两个“小钳子”的造型不同，功能也有所不同。近看这两个“小钳子”，个头儿可不小，分别固定在两个小窗户下面。

机械手臂分为大臂、小臂和手掌 3 节，十分灵活，可以伸缩、旋转、抓握。工作起来，就像小虾米在海底捡拾食物碎屑，不停地往嘴里塞啊塞。

“左手”比“右手”更灵活一些，特别是手掌部位。“左手”有 4 根“手指头”，可以完成幅度为几厘米的细微动作，抓海底的海参、海绵、海葵、珊瑚等不动或者动作比较慢的动物。

如果想要抓到鱼和虾，还得借助其他工具才能完成，就像我们空手很难抓住鱼一样。

在“龙珠”的控制台上，有一个专门控制“左手”的操控杆，它的形状和手臂很像。猜一猜，下方的控制台上，哪个操控杆是用来控制“左手”的？

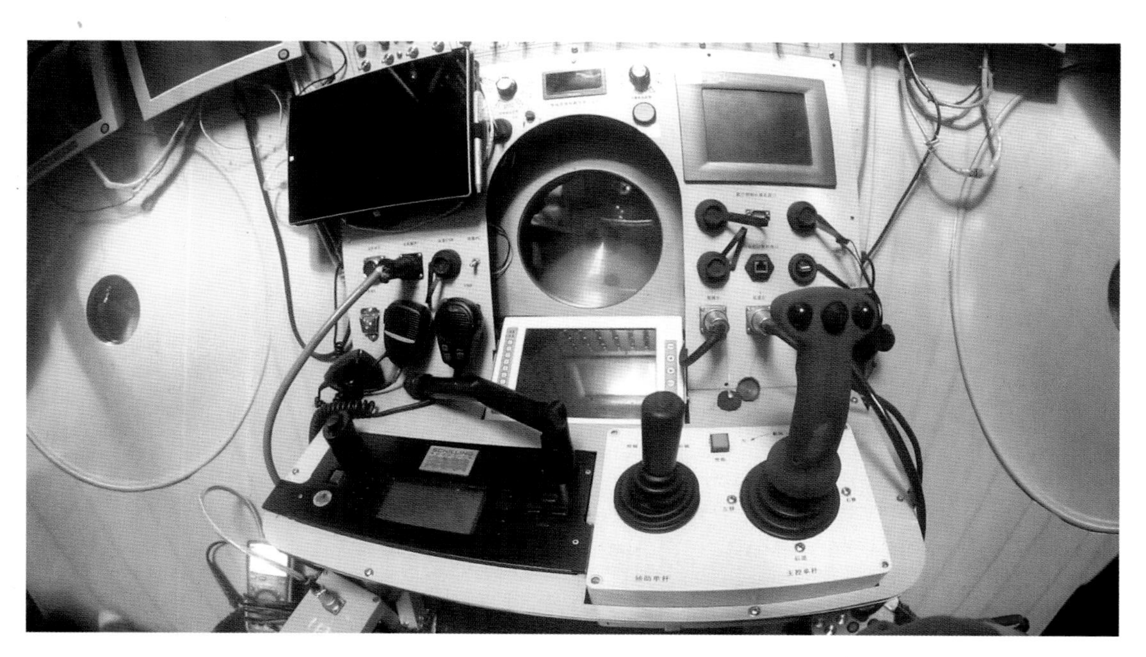

∧“龙珠”的控制台

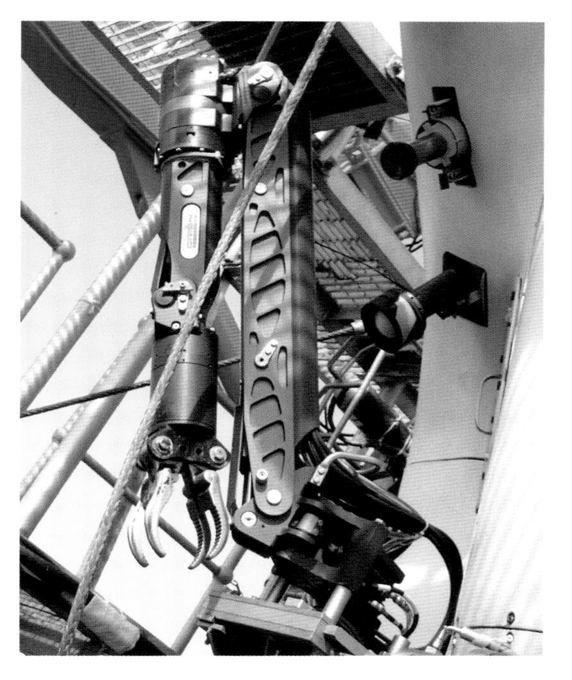

∧“龙旋破军手”之灵活的“左手”

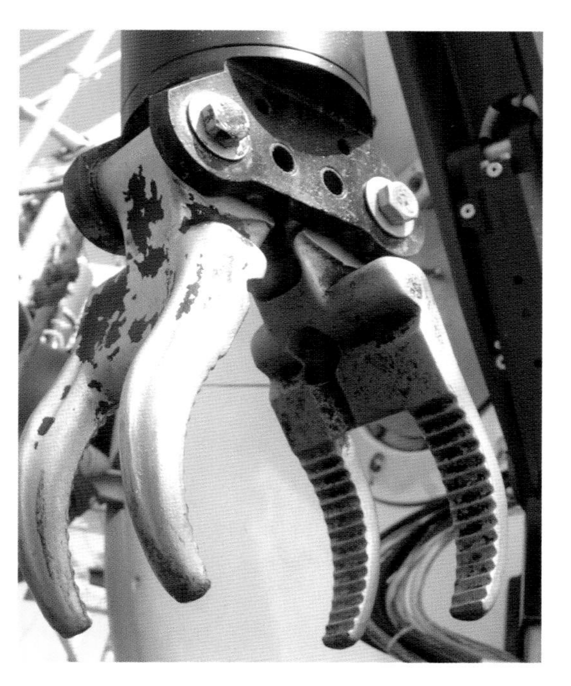

∧“左手”的特写

∧“龙旋破军手”之笨拙的“右手”

∧“右手”的特写

“右手”像个大扳手，它的动作比“左手”慢多了，而且只能完成打开、合并的动作。它是通过“龙珠”里一个遥控手柄来控制的。

潜航员准备把压载铁安装到“蛟龙”“腰部”的凹槽内 >

操控这两条机械手臂需要学习和训练很长时间，潜航员几乎要达到“人机合一”的状态，才能操纵机械手臂准确抓住目标。特别是遇到运动中的动物，抓捕的难度就更大了。

“血魂战甲”

“龙珠”虽然是用很轻的钛合金制成的，但想让“蛟龙”“肥硕”的身体浮到水面，还需要一套更加轻便的“救生衣”才行。因为除了“龙珠”以外，“蛟龙”的身体里还有很多其他零件和设备。

选择什么材质的“救生衣”呢？这让科学家们挠头了好久。重量要轻，这很重要。同时还要抗压能力强，不能被“亚历山大”的深海海水压变了形。还有，就是耐热性能要好。还记得前面说的“烟囱”吗？如果在几百摄氏度的“烟囱”周围工作，“救生衣”烧化了，呃……那可不是一般的惨，到那时，“胖胖虾”变成了去壳“胖胖虾”，只能在深海里裸泳了。

“神龙铁锭” >

“蛟龙”的“战甲”是采用高分子复合材料制造的，耐高温、高压，而且分量很轻，可以起到“救生衣”的作用，帮助“蛟龙”获得比较大的浮力。

“战甲”顶部涂上了鲜艳的红色，这是为了让“蛟龙”浮出水面后，能被科考队员快速发现。我称它为“血魂战甲”！

“神龙铁锭”

“蛟龙”每一次下潜，都会在“腰上”带几块沉重的“铁疙瘩”，就像潜水员携带的配重铅块。它们叫压载铁，可以帮助“蛟龙”下沉到预期的深度，我称它们为“神龙铁锭”。

“蛟龙”一旦到达了预期的深度，或者已经抵达海底，就会扔掉一些“铁疙瘩”，实现减速，或者悬停，避免撞到岩石上。

等到科考工作全部结束时，“蛟龙”就会扔掉剩余的“铁疙瘩”，迅速减轻重量，依靠海水浮力开始上浮。

“铁疙瘩”的重量需要根据下潜海域的海水温度、深度、盐度等各种信息计算出来。它们看似一坨坨铁锭，其实是由一片片额定重量的铁片叠在一起形成的，在不同海域，要使用不同重量的“铁疙瘩”。通过调节铁片数，就可以快速调节重量。

扔“铁疙瘩”这个动作，看似简单，但也要确保万无一失。不然，一旦扔不掉，就得完全依靠螺旋桨的动力，推着“蛟龙号”返回水面，实在是太费力了。

科学家设计了自动和手动两套方案来扔“铁疙瘩”。一是自动断电方式，就是在通电的情况下，“铁疙瘩”处在正常悬挂状态，切断电源，它就会自动脱落，掉落到海里。万一“蛟龙”出现了电路故障，停电了，“铁疙瘩”会立即脱落。“蛟龙”在浮力作用下，即使电路故障一直不能排除，没有任何动力辅助，单纯依靠浮力，也可以慢慢上浮到水面。二是手动顶抛方式，这是个备选方式，万一断了电，又没能扔掉“铁疙瘩”，就要手动操控，顶“铁疙瘩”一下，快速把它顶掉。

^ 科考队员开心地看着满载而归的“降妖魔篮”里的深海生物样品

“魔篮”

“蛟龙”的两条手臂之间，有一个存放各种样品的小平台，我称它为“魔篮”。

这个“魔篮”有两张课桌面那么大，上面有一个四四方方、玻璃鱼缸模样的“采样篮”，是用来盛装海底动物样品的，海参、海绵、海葵等都会放在这里。

“采样篮”旁边是一个杂物筐一样的筐，它主要是用来盛矿石样

品的。

筐旁边还会摆放很多粗管子，它们是用来采集海底沉积物的。沉积物就是海底“泥巴”，管子插入海底，沉积物就到手了。

这个小平台有时也会携带各种临时装备下水，比如小钻机、高清摄像机等。它就像哆啦A梦的百宝袋一样，帮助“蛟龙”完成各种任务。

“聚能心”

“聚能心”就是“蛟龙”的心脏，它是一个水密大铁箱，里面装的是能量大、抗压能力强的银锌电池，更换一次可以使用一年呢。

我跟随“蛟龙”出海的50天里，正赶上它更换新电池，我有机会目睹了“蛟龙”的“心脏手

< “蛟龙” 能量满满的 “聚能心”

< “蛟龙” 尾部的 4 个 “旋风灵鳍”

< “蛟龙” 头顶凹槽内的小推进器，像鱼的背鳍

术”。整个过程耗时近3天，科考队员们瞬间变身为“外科医生”，戴上各种防护装备，避免吸入在“激活”电池过程中产生的有毒气体。

“旋风灵鳍”

“旋风灵鳍”是“蛟龙”的几组电力推进器，我数了数，一共有7组。它们就像鱼的鳍一样，帮助“蛟龙”灵活地前进、后退、上浮、下沉、左右翻滚和转向。

“蛟龙”身体右侧 > 的小推进器

< “蛟龙”身体左侧的小推进器

它们的位置也和鱼鳍的位置很相像，“蛟龙”的头顶上有一组，像鱼的背鳍，帮助“蛟龙”转向。左右两侧各有一组，像鱼的胸鳍或腹鳍，帮助“蛟龙”上浮、下沉和翻滚。尾部有 4 组，像鱼的尾鳍，帮助“蛟龙”前进和后退。

“暗夜潜伴”

“造一艘潜水艇一样的‘蛟龙’多好啊，就再也不用船拉着它出海了！”我刚上船的时候有过这样的疑问。

慢慢地我才知道，下潜到几千米的深海，“蛟龙”要承受巨大的深海压力，球形的“龙珠”可以很好地分解压力。而子弹形的潜水艇通常只能在几百米深的海水中活动。

潜水艇追求的是快速反应，而“蛟龙”追求的是深度，它们的目标和目的地有很大区别。

也许在不久的将来，“蛟龙”也可以像潜水艇一样具备自身补给能力和持续的动力，可以直接从码头潜行进入深海。目前，技术还达不到，仍需要一艘船来协助它完成航行。

这艘船就是“蛟龙”的“暗夜潜伴”——“向阳红 09”，它曾是一艘排水量 4000 多吨的海洋综合调查船。经过改造，成了“蛟龙”的母船。很快，会有一艘新船来做“蛟龙”的母船。

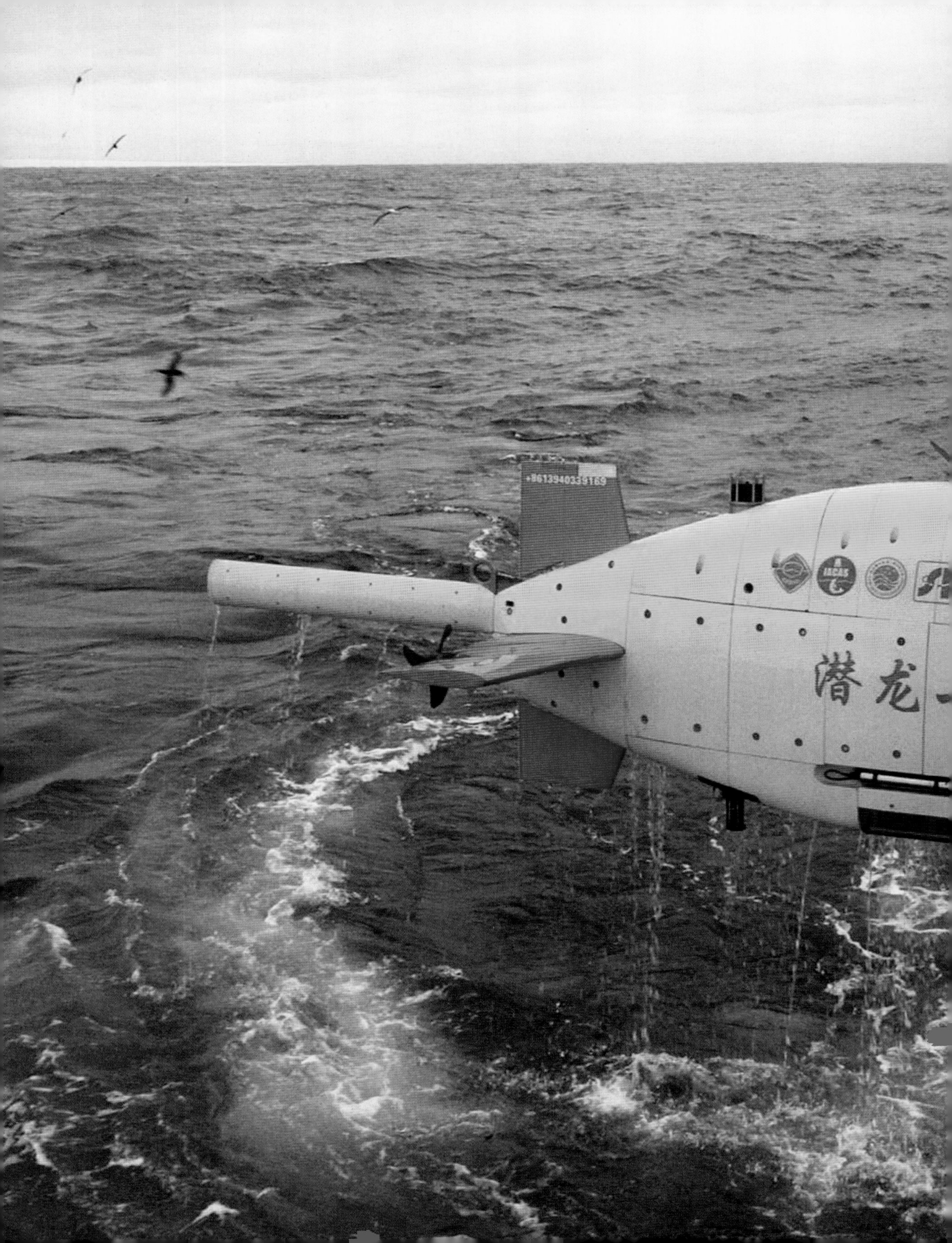
潜龙

第九章

“龙氏家族”本领强

和“蛟龙号”一起在海底忙碌的还有“龙氏家族”的两位小勇士“潜龙二号”和“海龙号”。它们的体形比“蛟龙号”要小很多，虽然不能搭载潜航员和科学家深入海底，但它们的本领也很大。我们看看“龙氏家族”的小兄弟们都有什么本领。

“水桶腰”“潜龙一号” >

“潜龙”兄弟

“潜龙二号”长得酷似一条小金鱼。它和“蛟龙号”一样，没有缆绳，但它的“肚量”可没有“蛟龙号”大。

“蛟龙号”可以搭载3个人进行深海探秘，而“潜龙二号”满肚子都是科学仪器，不能再搭载人了，所以它也叫“无人无缆自主水下机器人”，也有人形象地叫它“深海小金鱼”。

2015年，“潜龙二号”“出生”在辽宁沈阳。它的家在中国科学院沈阳自动化研究所。大家看到它的名字，一定猜到了，它还有一个哥哥“潜龙一号”。这个哥哥长得圆滚滚的，能够下潜6000米呢。它长4.6米，直径0.8米，虽然比“潜龙二号”瘦，体重也达到了1.5吨，它可以在海里连续工作一整天。它比“潜龙二号”大两岁，是2013年“出生”的。

“小金鱼”“潜龙二号” >

细心的读者可能已经注意到了，“潜龙二号”比哥哥多了4个大大的“鱼鳍”，每一个“鱼鳍”上都有一个动力十足的小螺旋桨推进器。它们都是可以活动的，让“潜龙二号”在下沉、上浮、前进、后退中能够获得足够的动力，成为深海里的“运动小健将”。

“潜龙二号”的“眼睛”和哥哥的一样，是一个“槽道推进器”，让它能够灵活地左右转向。“蛟龙号”也有类似的推进器，“蛟龙号”是“胖胖虾”，所以它的“眼睛”就是“虾眼”。

“潜龙二号”比哥哥多了一张大“嘴巴”，那是一个“前视声呐”，可以通过声波探测前方地形，帮助“潜龙二号”游得更安全。海底地形复杂，又没有光线，一片漆黑，有了这个“声呐”装备，遇到障碍物时，“潜龙二号”就可以轻松躲开了。

“潜龙二号”还有一个大大的“牛鼻子”，那是一个牵引环（或叫起

潜龙一号

潜龙二号

^“小丑鱼”“潜龙三号”

吊钩）。需要下海工作时，科学家就会牵着“潜龙二号”的“鼻子”，把它放到海里。一旦它完成任务，需要回到母船，科学家又像牵牛一样，牵着它的“鼻子”，把它拉上船。

仔细看看“潜龙二号”的背上，那些可是它“保命”的利器啊，它们是通信用的声通信机、定位用的长基线信标，就像“蛟龙号”大哥的“通天低吼”。另外，还有能发出信号的频闪灯。如果“潜龙二号”走失了，就可以通过它们和母船上的科学家进行联系。

万一“潜龙二号”失去了“自理能力”，科学家也可以通过植入它“大脑”里的导航和控制程序装置来定位它，找到它。

“潜龙二号”进入深海工作时会自带“干粮”。它们就是 3 桶圆柱形“压缩饼干”——拥有足够能量的电池，可以支撑“潜龙二号”在水下工作 30 多小时。

对了，“潜龙二号”还有一条长长的尾巴，能够测量地磁。

“潜龙二号”自“出生”以来，它的最大下潜深度达到了 3320 米，到过深海的苏堤、白堤、龙旂和骏惠等 4 个“烟囱”区工作，绘制了海底三维地形图，还分析了很多海底数据。

“潜龙二号”还有一个弟弟，是“潜龙三号”，它是 2018 年“出生”的，跟“潜龙二号”长得很像，只是更先进一些，能够应付更复杂的海底地形，可以下潜到 3900 米的深海。它们俩太可爱了，二哥是“小金鱼”，三弟是“小丑鱼”。

“海龙号”

“海龙号”比“潜龙”哥儿仨虚长几岁，2009 年“出生”在上海交通大学，当年就投身到我国的深海探索工作中了。

它的相貌比较平常，像一个方方的盒子。身高大约 3.8 米，长宽均为 1.8 米左右，它比“潜龙”兄弟多了一些装备，比如小机械手，最多能提取 250 千克的物品，可以采集深海样品。

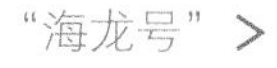
“海龙号” >

在“龙氏家族”里，“海龙号”和其他成员最大的不同，就是它有一根长长的“脐带”一样的缆绳和母船相连接。科学家可以通过缆绳直接控制它的行动，也可以传输深海影像，所以大家都管它叫“遥控水下机器人”。

“海龙号”在水下可灵活了，它身上有7个推进器，其中4个可以水平推进，能够让“海龙号”快速前进、后退和侧移，它还有3个垂向推进器，能让它轻松地上升、下降。

“海龙号”一共携带了5台摄像机和1台照相机，可以通过这些装备把海底环境和生物拍摄下来传输给科学家。海底很黑，所以它还随身配备了6个泛光照明灯和2个高亮度的高压气体放电灯，使拍摄的影像更加清晰。

“海龙号”可以下潜到3500米的深海，主要参与我国的大洋海底调查活动，比如海底热液矿物取样、大洋深海生物基因和极端微生物的研究，以及探索人类起源的秘密等。

2009年10月，“海龙号”搭乘“大洋一号”科考船在太平洋赤道附近的洋中脊上，观察到了罕见的高26米、直径约4.5米的巨大“黑烟囱”。

“黑烟囱”形似巨大珊瑚礁，不间断地冒出滚滚浓烟。“海龙号”用它的机械手小心翼翼地抓取了大约7千克的“黑烟囱”硫化物样品，带回了母船。

另外，“海龙号”还能给海洋石油工程提供服务，比如检查水下管道、检测深海电缆等。

我国的深海“龙氏家族”成员各有特色，有可以载人的，有自主工作的，有自带“脐带”的。无论工作方式怎样，它们都是我国深海工作的先驱，凝聚了我国几代海洋装备科学家的智慧。它们带着我们的海洋梦，游进深海大洋，探索那些未知的神秘世界。

“深海勇士”

接下来出场的，是“龙氏家族”的神秘嘉宾。虽然它的名字和“龙氏家族”其他成员的不太一样，不是“什么龙”，但它算是“蛟龙号”的“堂弟”。此话怎讲?

它“出生”在2017年，设计师和制造团队几乎都是“蛟龙号”的原班人马，他们针对我国海域的深度特点制造出了“蛟龙号”的“堂弟”——“深海勇士”，它最深可以下潜到4500米的深海，可搭乘3名科考人员下潜。

^ “深海勇士”

“深海勇士”虽然没有“蛟龙号”下潜的深度深，但它在很多方面都是“蛟龙号”的升级版，比如它的“心脏”已经升级为更先进的锂电池，“蛟龙号”的则是银锌电池。

“蛟龙号”为了节省电能，会选择无动力下潜和无动力上浮，就是完全依靠压载铁把它压下去，然后再依靠“血魂战甲”的浮力浮到水面。

“深海勇士”就不必那么节省了，它依靠能量充足的“心脏”，加速下潜和上浮，节省了很多在“路上”的时间，这样也就增加了工作时间，下潜一次的工作效率更高了。

另外，“深海勇士”的通信系统也升级为数字通信，可以实时传输海底视频画面，真牛啊！它的采样平台也大了许多，可以从深海带回来更多样品。

相信科学家还会给“龙氏家族”制造出更多的弟弟妹妹，让这个深海探索家族更加庞大。兴许到那个时候，深海旅行不再是梦想！

第十章

了不起的“海兵海将”

“蛟龙号”虽然只能搭乘3个人潜入深海“龙宫”，但围绕它工作的“海兵海将”加起来有几十个人，他们每个人都十分重要。少了哪一个，“蛟龙号”都有可能“迷失”在深海“龙宫”中。这些“海兵海将”的本事有多大呢？

在“蛟龙号”的母船上，有一间“现场指挥室”，这里有一块巨大的屏幕，显示着“蛟龙号”不同角度的状态，还有各种数据信息，比如“蛟龙号”下潜的深度、“龙珠”里氧气和二氧化碳的含量、经纬度等信息。

目不转睛盯着大屏幕的人，是“蛟龙号”下潜工作的总指挥。他手里拿着一部对讲机，随时与各岗位的科考队员保持通话。“布放潜水器！”随着他一声令下，“蛟龙号”被缓缓放入海中。“我是这个船上‘最没用’的人。”总指挥冲着我嘿嘿一笑，说道。

“您就是拿指挥棒的指挥家呀，离开了您，‘蛟龙下潜’这曲子可就演奏不好啦！”

“你快去采访采访‘的哥’‘蛙人’‘气象护法’吧，还有那些‘海兵海将’。”低调的总指挥似乎在下“逐客令”。

“‘的哥’是谁？”我下定了决心要打开总指挥的话匣子，继续赖着不走。总指挥终于转过身来，“正好这会儿不忙，我好好介绍一下他们。他们都很了不起！”

我心中暗喜，作为科学记者，最高兴专家打开话匣子了！

“深海的哥”

他们就是驾驶“蛟龙号”潜入深海航行的人，被大家称为“潜航员”，就像航天员操控航天器一样。

我们国家第一批潜航员有两人，一位叫傅文韬，另一位叫唐嘉陵。他们都是从几千人中脱颖而出的佼佼者，经过长达 5 年的严格训练，才成为合格的潜航员。

2013 年，第二批潜航员的选拔和训练开始了，有 6 名大学毕业生幸

∨ 总指挥目不转睛地盯着大屏幕

∧“蛟龙号”第一批潜航员唐嘉陵（右）和傅文韬（左）

运地成为潜航员学员，其中还有两名女生。经过多年的下潜实践，现在，他们也都成为了正式的潜航员，可以独立驾驶“蛟龙号”遨游深海。

“这 8 个人现在都在船上，他们可是咱们国家的宝贝啊！‘蛟龙号’每次能否安全完成下潜任务，真的要依靠他们过硬的技术和沉着冷静的应变！”总指挥指了指大屏幕。

此时，8 名潜航员都聚集在“蛟龙”周围，有的在调试推进器，有的在擦拭密封盖，有的在检查电池……他们正给“蛟龙”做一次全面检查，为明天的下潜做好充分准备。大屏幕上，他们忙碌的身影不时闪现。

“他们就像开出租车的‘的哥’，乘客需要去哪里，他们就驾驶‘蛟龙号’去哪里，他们最重要的任务就是，带着乘客安全抵达深海目的地。”总指挥将视线移到了桌上的“蛟龙号”模型。

“我们未来真的会在深海建造城市吗？”我很好奇。

“我觉得一定会的！不久的将来，往返深海将不再那么困难，深海也将不再那么神秘。在深海里穿梭的‘蛟龙号’会像出租车一样多。到那个时候，只要考取‘蛟龙驾驶证’，‘的哥’就可以上岗了。”总指挥笑着说。

“别忘了还有‘的姐’，哈哈！”我补充道。

“科学旅客”

“蛟龙号”的乘客才是“蛟龙号”的真正使用者，他们都是海洋领域的科学家，海洋地质、海洋生物、海洋化学等各个领域的都有。

还记得前面故事中的“首席科学家”吗？在没有“蛟龙号”之前，他们的海洋工作异常艰辛，就像“抓娃娃”一样难。

∨ 潜航员学员完成培训时的合影

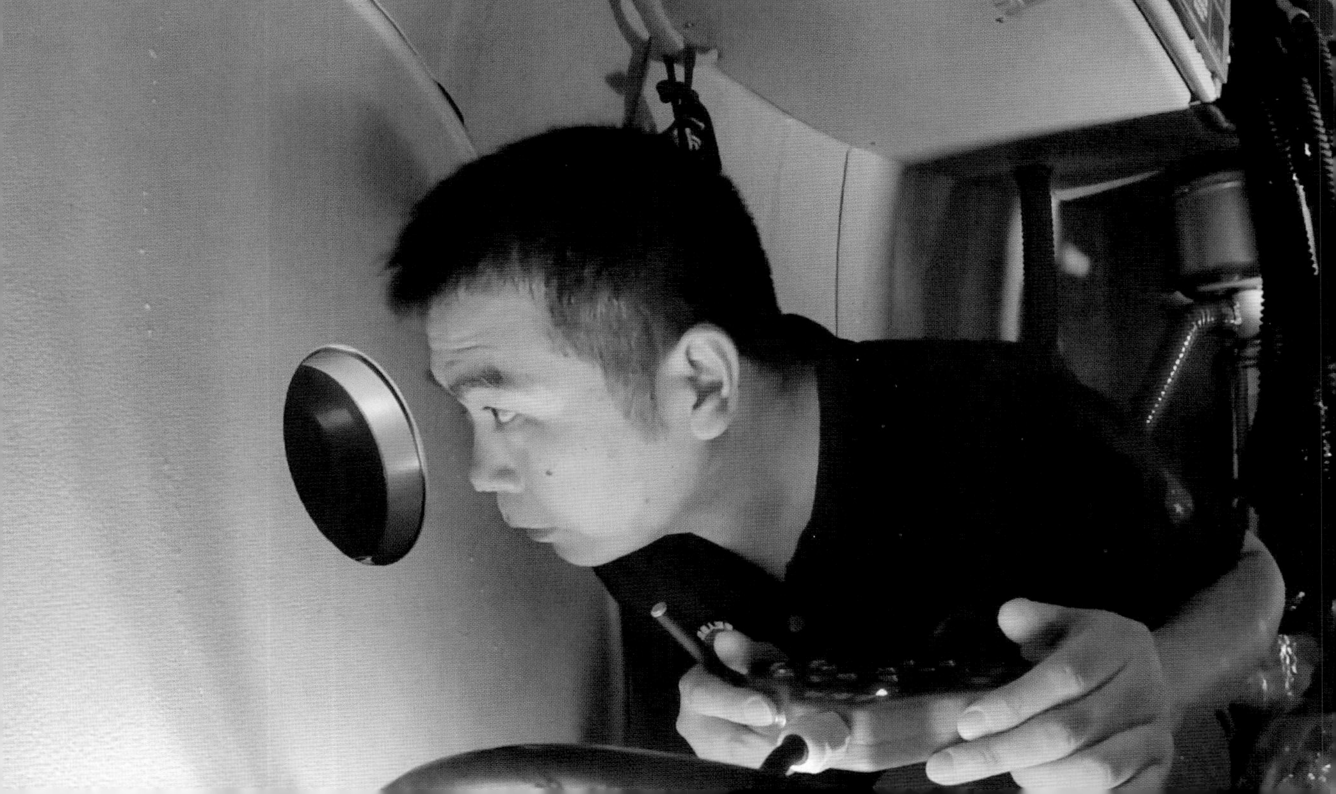

< “脐带蛙人”在为“蛟龙号”挂缆绳，帮助“蛟龙”回归母船

用“盲人摸象”这个成语来形容他们工作的难度一点儿都不夸张，需要数年甚至数十年的时间，才能够摸清楚深海“这头大象”的模样！

搭乘“蛟龙号”直接下潜到深海，让“盲人重见光明”，科学家们都无比兴奋！

不过，想要成为“蛟龙号”的“科学旅客”，可没有那么容易！

他们虽然不用经历数年的训练，但也要满足身体和心理等各项指标要求。

登上“蛟龙号”之前，他们要接受下潜人员培训，也就是“乘客集训”，熟悉“蛟龙号”的工作原理，掌握一些基本操作规范。就像作为出租车乘客，需要明白系上安全带的重要性一样。还要进入“蛟龙号”里面，在试验水池中下潜几米深度，演练几次。看看身体状况有没有变化，也观察一下他们长时间在“龙珠”这个狭小的空间里，心理上是否能够承受得住，有没有心慌、焦虑和恐惧等心理应激反应。

通过了这些训练，才可以搭乘“蛟龙号”下海。

< “蛟龙号”试验性应用航次，首席科学家手持遥控器察看窗外深海生物

“脐带蛙人”

“蛟龙号”每次完成任务浮出海面后，大家总能看到一艘橡皮小艇快速驶向它。

小艇上有4位身披救生衣的勇士，科考队称他们为“蛙人”。

我很早就听说过“蛙人”这个词，他们是海军中一个特殊兵种的称呼，他们会身穿潜水服，手持水下武器，在海水中长时间闭气潜泳，完成水下作战任务。

后来，我在海上石油钻井平台上见到了“蛙人”，他们主要负责水下石油管道的日常保养，需要背负着沉重的潜水设备在水下连续工作。

“蛟龙号”的“蛙人”和前面说的这两种“蛙人”的共同点，就是都需要很好的水性，但工作内容不同，我称他们为“脐带蛙人”。

小艇快速靠近海面上摇摇晃晃的“蛟龙号”，4 位“蛙人”：一位负责驾驶小艇，控制好方向和动力，让小艇一侧刚好搭在“蛟龙号”上；两位都趴下身子，用双手紧紧抓住“蛟龙号”顶部的扶手，减小它在海面上摇晃的幅度，把小艇和“蛟龙号”紧紧连在一起；最后一位手拿两根缆绳，一个跨步登上“蛟龙号”，快速将缆绳挂在“蛟龙号”的“头顶”。

他们完成这一系列动作，不过十几秒时间。特别是在天色已晚、海况不好的时候，更需要他们快速把“蛟龙号”带回母船，防止它“随波逐流”，消失在茫茫大海。

那根缆绳就像连接母亲与孩子的脐带，连接着“蛟龙”和母船。“脐带蛙人”就是挂接和解掉缆绳的人。

无论海浪有多大，他们都要搏击风浪，努力为“蛟龙”管好“脐带”。

∧ 潜航员和科学家完成下潜任务后激动地向大家挥手

“气象护法”

“明天有气旋来袭，不适合下潜！”船上的气象专家手拿一张气象预报图，来到总指挥面前。“好，明天的潜次取消，等天气好转再进行。”总指挥立即暂停了第二天的工作任务。

“瞧，我们的‘蛟龙号’也要靠天吃饭呀。明天天气不好，气象专家说停，咱们就必须停！”总指挥笑着说。

“如果天气不好的时候，‘蛟龙号’坚持下潜，会发生什么呢？”我脑袋里瞬间冒出了这个问题。

“硬着头皮下潜，会很危险！母船会在风浪中摇晃得很厉害，科考队员站都站不稳，解开固定缆绳后，‘蛟龙号’可能会在剧烈摇晃中直接滑落进海中，灌进海水。还记得‘阿尔文’吗？它就是灌水了，十几年不能用。另外，即使下潜成功了，想要再回到母船上来，也是很困难的，汹涌咆哮的海浪会制造很大的麻烦！”总指挥非常严肃地回答。

“所以我们要听气象专家的话。他们可是‘蛟龙’的‘气象护法’！”总指挥看出了我的紧张，又补充道。

“海兵海将”

还记得“大洋一号”科考船上的船员吗？“向阳红 09”上也有这么一支队伍，从船长、大副、二副、三副到水手，从“老鬼”“二鬼”“三鬼”到“小鬼”，他们就是船上的“海兵海将”。

没有他们专业化的工作，“蛟龙号”也不会取得这么多成绩。特别是第 100 潜次的时候，“蛟龙号”差一点儿就回不来了。要不是“老鬼”及时出马，拿出了看家本领，“蛟龙号”可能会步“阿尔文”的后尘！这个故事，我会在后面讲，别着急。

第十一章

潜航员修炼秘籍

你想成为一名“蛟龙号”潜航员，去探索深海吗？当身边的人都说你不是当潜航员的料时，你会怎么想？在一个完全黑暗的屋子里待上几小时，你会产生什么感觉？晕船了，你该怎么办？

“要想成为一名独立驾驶‘蛟龙号’的潜航员，真的很不容易，或者说挺难！”

我在“向阳红 09”的健身房里遇见了正在跑步机上锻炼的女潜航员，当我问她“当一名潜航员难不难”时，她一边跑步，一边这样回答。

“我马上就可以晋级正式潜航员了，但我现在还只是一名潜航员学员，还需要再下潜几次，才能晋级呢。”她满脸期待，又调高了跑步机的速度。

单从选拔潜航员学员的过程就可以看出，他们真的是“万里挑一”。要经过近 120 项的筛选才可以通关。

就像打一款有 120 关的游戏，中间不能有任何的闪失，没有任何“续命”的机会。只有最终打通关的人，才有资格成为一名潜航员学员。

从学员再到正式潜航员，还需要好几年的实战训练。

在这 120 关中都需要打败什么样的“小怪兽”呢？有很多是“硬条件”，比如身高和体重。身高并不是越高越好，体重也不是越轻越好。

一眼望去，潜航员的身高就是“一般人”的身高，男的在 1.70 米左右，女的在 1.65 米左右。这样一来，女潜航员反倒比男潜航员显得高一些。他们的体重在 65 千克左右，和身高匹配，不胖不瘦，刚刚好！

“高了，‘蛟龙号’里装不下！胖了，钻不进去！”看我这么感兴趣，女潜航员跳下跑步机，接着说。

“龙珠”的直径只有 2 米多一点儿，要有 3 个人在里面工作，而且还有很多设备，个子太高的话，在里面转个身都困难。

“龙珠”的头顶有一扇圆圆的密封门，这扇门和“流光天眼”的

中国大洋37航次科

<“向阳红 09”的健身房里，女潜航员正在跑步机上锻炼（右），两名科考队员在打乒乓球

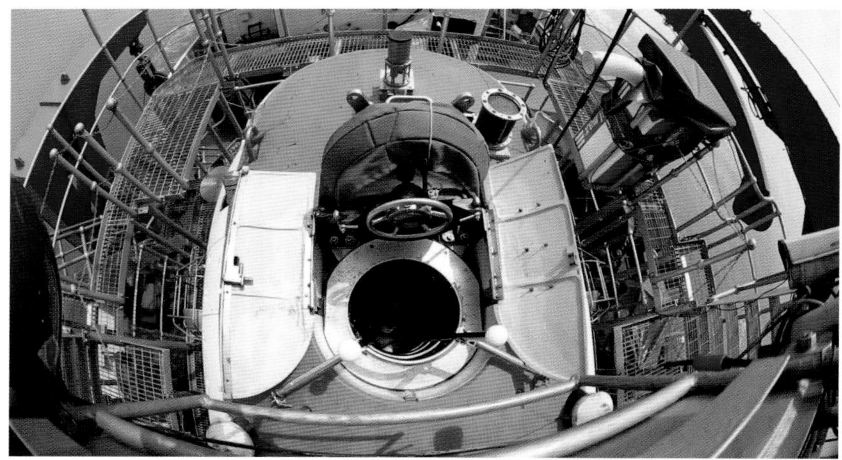

<“龙珠”头顶的密封门只有“瘦子”可以钻进去

<只有这种标准身材的人才能顺利进舱，再胖一点儿就会卡在门上

"小窗户"大小差不多，也就比小轿车轱辘的直径大一点儿。体形胖的人，肚子一定会卡在门上，上下不得，十分尴尬。

女潜航员关上了跑步机，又拿起两个哑铃，练起了臂力。此时，健身房里又来了几名潜航员，他们似乎是约好的，下午集体来锻炼。

"保持良好的体力很重要。虽然我们在'蛟龙号'里面没有太多活动空间，但一个潜次前前后后需要十几小时，没有好的体力，万一出现意外，就无法集中精力，会发生危险！"刚进来的傅文韬跳上跑步机，说道。

谈到印象最深的闯关"小怪兽"，潜航员们你一言我一语地说起来——

"关小黑屋"

这是一个"伸手不见五指"的小屋子，屋里只有一把椅子，就像只能容纳一个人的洗手间。小屋子的门关上后，就什么都看不见了，只能隐约看到屋顶上有一个小红点，不知道那个小红点是什么。

进去的人不知道要在这屋子里待多久，刚进去的时候会有些无所适从，就这么一直坐在椅子上，什么都不做，也什么都做不成，因为什么也看不见。

有的人闭目冥想，有的人给自己唱歌，有的人甚至开始打盹儿……

那个小红点，其实是一个红外线检测器，可以让外面的人看到小黑屋里的人的一举一动。

"蛟龙号"的"龙珠"是一个狭小的空间，这个小黑屋模拟的是"蛟龙号"在无动力下潜和上浮过程中，载人舱"龙珠"里一片漆黑的场景。"蛟龙号"实际潜航时的"黑暗时间"可能有两三个小时。

通过"关小黑屋"可以检测出患有"幽闭恐惧症"的候选人，有这种症状的人会坐立不安，内心感到恐惧，甚至会晕倒、失去知觉。有这种心理障碍的人当不了潜航员。

"无情打击"

想当一名潜航员，不仅要心理健康，还要有很强的抗挫能力。在闯关的过程中，备选潜航员学员总会受到一些不可预知的、近乎无情的打击。其实，这些“无情打击”都是事先安排好的，也是“闯关小怪”之一。

特别是当他们较好地完成了一项任务后，总会听到一些“专家”对他们的表现“指指点点”“鸡蛋里挑骨头”“挑三拣四”，让他们的自信心受到打击。而且这些“专家”还会不停地告诫他们“明天可能你们就要走人啦”，给他们制造心理压力。

心理承受能力差的人，就会被这些“无情打击”搞得情绪不稳，心烦意乱，挫伤了斗志和勇气，严重地影响下一次闯关的信心，导致发挥失常。

所以说，有良好的心态非常重要！不要指望身边人都和颜悦色地对待自己，不要让坏心情影响自己的步伐，练就一颗平常心，才能走更远的路！

采集海底的巨大海参时，一定要把握好力度

∧ 潜航员手握操控杆，聚精会神地盯着窗外，采集样品是一项非常精细的任务

“26 个数字”

在一片杂乱无章的数字中，从 1 开始点击，1，2，3……26，按顺序点击，不能出错！这个测试是不是看起来很简单，不就是点数字吗？谁不认识这 26 个阿拉伯数字呢？

第一遍点击测试，大家都顺利通过。然后，考官又让他们走进第二个房间，并且告诫他们：“这一次增加了难度！要小心！”大家做完测试后发现，还是点击 26 个数字。

然后，考官又让他们进入下一个房间，又告诫他们：“这一次还会增加难度！要小心！”好几名考官还一起站在他们身后，盯着他们完成测试。依然是按顺序点击 26 个阿拉伯数字，大家有点儿摸不着头脑了！

接下来，让人匪夷所思的事情发生了，“26 个数字”的测试竟然每个人来来回回一共做了 15 遍，中间还穿插着“关小黑屋”。有的人真的开始，出，错，了！

“我是越来越准确的！”

“我也是！”

此时，8 名潜航员都到了健身房，他们当然都顺利闯过了这一关。

这项测试看似简单又重复，它考验的就是潜航员能否在单调、重复的事务中，保持思维敏捷和动作精准。

真正下潜到海底，潜航员要反复操控“龙旋破军手”抓取海底生物，动作单调，却需要极细致的操作，“差之毫厘，谬以千里”，稳定的发挥十分关键。

如果连点“26 个数字”这样简单的重复测试都会出错的话，当然不适合操控“龙旋破军手”喽！

“海盗船”

这是一艘航行在大海上的船，但它驶出了游乐场里“海盗船”的疯狂范儿！

摇啊摇！摆啊摆！一个急停，又一个加速，接着一个急转弯。浪并不大，船却很嗨，一副不摇晕你不罢休的架势！

不到半小时，船上的人几乎都不行了，有的拿着塑料袋猛吐，有的扶着栏杆对着大海狂呕，有的躺在沙发上脸色煞白，仿佛下一秒就要狂吐的样子……

“我要不是强忍着，也快吐出来了，只能咬紧牙关，哼着《让我们荡起双桨》。”

“我哼的是《摇啊摇，摇到外婆桥》，再多摇一会儿，我绝对就吐了。”

原来两名女潜航员是用哼歌来应对晕船的。

∧“宇宙舱”测试

“宇宙舱”

这是一个封闭的高压氧舱，待在里面就像在航天器里一样，大家戴着氧气面罩，呼吸的是纯度比较高的氧气。大家好像没有什么特别的感觉，反倒觉得多呼吸些氧气很舒服。

其实，这项检测主要是为了排除个别对氧气过敏的人，他们在吸入纯度高的氧气后，容易出现浑身抽搐等症状。还好，参加测试的人都没有出现这种醉氧症状。

“题海测试”

∧ 扫码关注“中少总社阅读魔方”，回复“龙珠”，看“龙珠”中的“的哥的姐”

这个“小怪兽”比较费脑力，要在2小时内完成300道选择题，还要涂好答题卡。不少人都没有完成。

除了以上这些考验心理和脑力的“小怪兽”以外，还有很多体能测试，比如 4 × 10 米往返跑、立定跳远、仰卧起坐、引体向上，以及 800 米和 1000 米跑步等。当然还有专业知识考试，考察他们对专业知识的理解和运用。

在第二批潜航员学员的选拔中，几百名精兵强将只有 6 人成功晋级，两女四男。现在，他们和我一起在健身房锻炼，定期健身已经成了他们的习惯。

如果潜航员学员的选拔算是“期中考试”的话，跟随“蛟龙号”实战训练，就是“毕业考试”了。

他们要从几米的深度开始训练，逐渐增加下潜深度。其中会模拟各种突发情况，他们要试着快速解决问题。需要几十个潜次的经验积累，潜航员学员才可以晋级“正式潜航员”。明天将是一次 5000 米的下潜，看看他们的表现吧。

“真不容易！”听他们说了半天，我由衷地感慨，“给你们点赞！如果跟你们一起潜入海底，我绝对会放一百个心！”

潜航员学员坐在驾驶位，实战训练驾驶“蛟龙号”

第十二章

“蛟龙号”下海喽（上）

“蛟龙号”下潜一次需要多长时间？潜航员和科学家在“蛟龙号”里面如何吃饭、工作、上厕所？乘坐“蛟龙号”下潜是什么感觉？

在天气和海况不错的情况下，“蛟龙号”下潜一般都是从一大早开始，到天黑前结束。就像上班族一样，早出晚归。

在这段时间里，潜航员和科学家的活动空间，只有“龙珠”里面那么点儿地方，几乎直不起腰。不过，他们不用像航天员那样穿着厚重的航天服，更不会经历失重状态，因为“蛟龙号”的“龙珠”基本上会保持它在船上关闭舱盖前的状态，大气压、温度和湿度不会发生太大变化。

下潜之前的准备

下潜的前一天，潜航员就开始忙碌了。他们会根据下潜海域海水的温度、盐度和深度，计算出应该携带的压载铁重量，还记得我们前面介绍的“神龙铁锭”吧？潜航员小心翼翼地把“神龙铁锭”固定在“蛟龙”的“腰部”两侧，每侧两个。

为确保万无一失，向空中投放白色气球，气球携带的设备会记录高空天气数据，并将它们传回船上

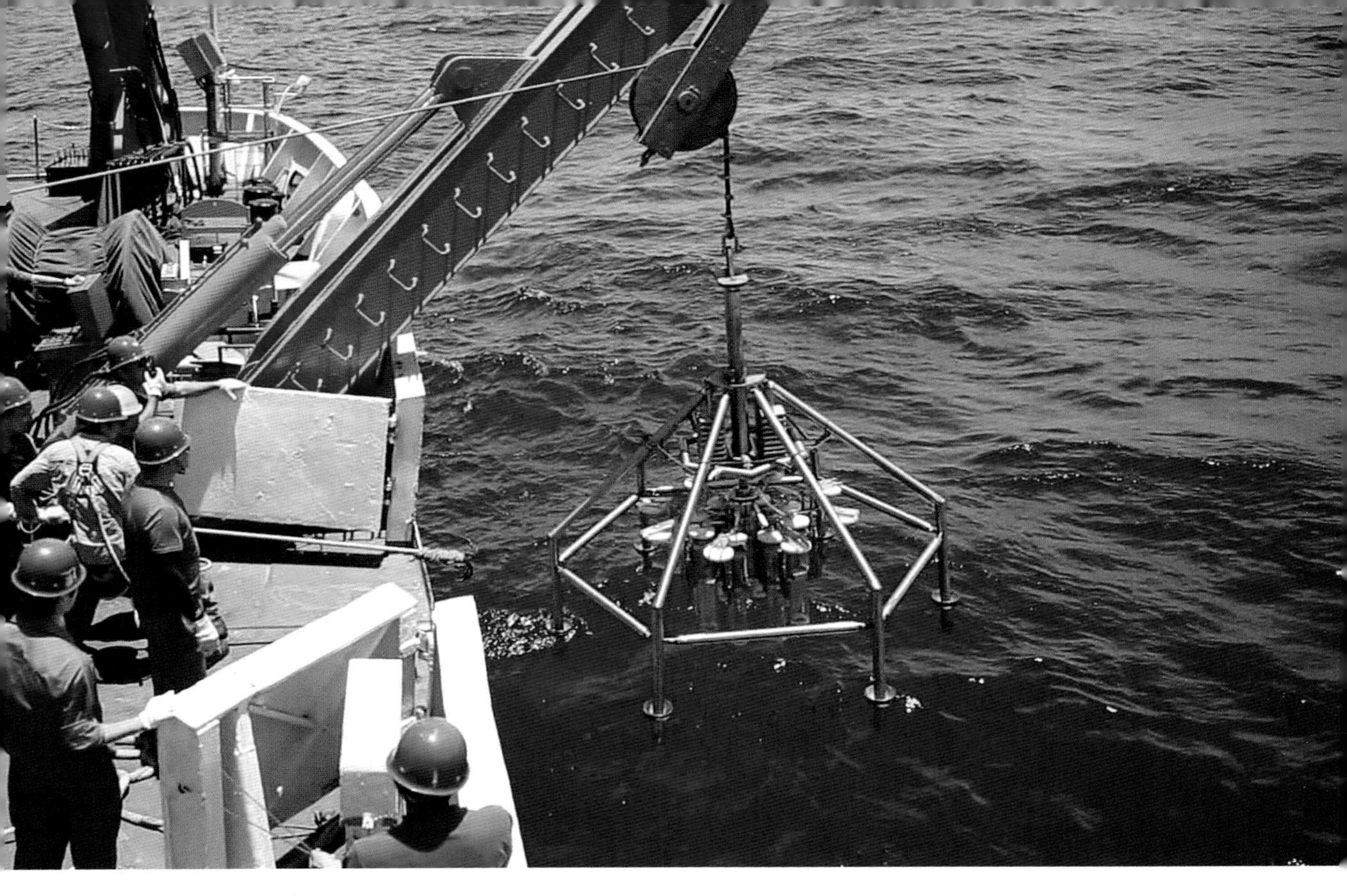

∧ 科考队员们会利用“蛟龙”下潜的间隙开展多项常规大洋科考

每一个“旋风灵鳍”都要启动一下，转一转，动一动。每个氧气瓶都要充满。

潜航员和科学家会专门留出时间，对照海底地形图，商讨海底航行路线。就像出租车“的哥”和乘客确定行驶路线一样，看看哪些地点必须经过、停留，哪些“拥堵路段”必须避开、绕行。

“气象护法”早早就打印出了近几天的天气情况。为了确保万无一失，他们还会向空中投放一个白色气球，记录高空天气数据。数据显示，白天的天气非常不错，晚上可能会有雨，不过，到那个时候，“蛟龙号”已经返航了，影响不大。

∧ 扫码关注“中少总社阅读魔方”，回复“蛟龙”，看“蛟龙”探险

晚饭后，潜航员和科学家基本上就不会做什么剧烈运动了，早早休息，保证第二天能够精力充沛地下潜。而且他们基本不会再喝水，这是为什么呢？一会儿就知道了。

< 下潜的前一晚，潜航员仔细检查每一个细节，我也小心翼翼地将小摄像机安装在操控台的旁边。在闷热的“龙珠”里，仅几分钟的工夫，我就浑身湿透了

< 下潜前，潜航员仔细地擦拭了一遍“龙珠”的舱盖

< “蛟龙”下潜之前，配发给潜航员和科学家的必备物品（每人一份）

晚上休息前，要打包好下潜的行李。就像要参加登山活动一样，他们的行李就是一个登山背包，不过，里面的东西还真不少。看看都有什么吧——

吃的、喝的肯定少不了，不过，都是一些小零食和能量饮料。瞧！牛肉干、菠萝蜜干果、山楂片、杂粮棒……还有几个"暖宝宝"、毯子和一个塑料水壶。

"难道还要带一杯茶水下潜吗？"我拿起这个水壶看了看，是一个"1升装"的水壶，可以盛下两瓶矿泉水。

"可不能带水，喝多了麻烦！"潜航员笑了笑说，"头一天晚上我们就不喝水了，深海没有厕所。"

"那万一内急怎么办？"我好奇地追问。

"憋着呗！"

"憋不住了怎么办？"我继续发问。

"就用它喽！"潜航员指一指水壶。原来如此，这个水壶不是用来盛水的，是用来盛"神秘液体"的。"以前给我们配发过'尿不湿'，那玩意儿穿着太不舒服，就换成这个了。"

"万一盛满了，怎么办？"我拿着水壶小声嘀咕。

"打住吧你！"潜航员笑着推了我一下。哈哈，终于被我问急了。

第二天早晨6点多，各个岗位的人员都已经就位了。总指挥盯着屏幕，逐个询问准备情况。一名潜航员、一名潜航员学员、一名科学家，依次从"蛟龙号"顶部的入口进入"龙球"。

此时，海面气温在30摄氏度左右，天空中几乎没有一片云，海浪轻轻地拍打着船身，"向阳红09"略微有一点儿摇晃。

"蛟龙号"的载人舱里温度更高，3个人刚一进去，就大汗淋漓。他们需要忍耐一小会儿，一旦"蛟龙号"进入水中，温度会下降一些。

3个人脱掉鞋子，穿着袜子进入"龙珠"。他们的衣服一定要穿纯棉的，这是为了避免因摩擦产生静电。

潜航员坐在了最中间，他脚下的空间稍微大一些，可以把脚伸下去，算是坐下了。两边的潜航员学员和科学家的待遇就没有那么好了，他们的位置上只有一个棉垫子，只能盘腿坐着。

"脐带蛙人"的橡皮艇沿着船舷被缓缓放到了海面上，几名"蛙人"迅速踏着旋梯下到艇上。橡皮艇一溜烟儿地射到了船尾，等待"蛟龙号"下水。

第一次乘坐“蛟龙号”的科学家好奇地向窗外看去

“蛟龙号”下面的轨道车动了起来，它把“蛟龙号”送到了船的最尾端。一名科考队员爬上“蛟龙号”，将A型架上的“脐带缆绳”连接到“蛟龙号”的顶部。

“起吊潜水器！”总指挥一声令下，“蛟龙号”被A型架缓缓吊起，离开船尾，向海面摆去。

“龙珠”里的3个人透过窗户向外面的人挥手，第一次下潜的科学家显得很兴奋。

“蛟龙号”落入海中，激起一片白色的水花。不远处的“蛙人”已经蓄势待发。当海水没过“蛟龙号”，“蛙人”的橡皮艇靠了上去，“蛙人”迅速跳上“蛟龙号”，解开“脐带缆绳”的卡扣。“蛙人”伸出大拇指，示意已经完成任务，然后迅速跳回橡皮艇。

“蛟龙号”开始下潜喽！

0米

“向九，向九，‘蛟龙号’一切正常，开始下潜，开始下潜！”确认过各种数据正常后，对讲机里传来了潜航员的声音。

“入水的那一刻，我本以为会十分摇晃，没想到这么平稳，窗外一下变得幽蓝幽蓝的，太阳光像一道道光柱刺入大海。太激动了！”科学家兴奋地说。

100 米

为了节省电力，“蛟龙号”是无动力下潜的，所以速度并不快，每分钟只下潜 35 米左右。窗外还能看到微弱的光，海水由幽蓝变成了墨蓝，周围变得十分安静。窗外的海水并不是清澈透明的，而是漂浮着各种浮游生物，在阳光的照射下，它们仿佛满天繁星。

这里是海水的第一层，叫“海洋光合作用层”。这个深度是人类“自由潜水”的极限，也就是人类在不借助供氧装备的条件下，直接憋气下潜的极限深度。

200 米

从这一深度开始，就进入了海水的第二层，称作“中间层”或“黄昏带”。因为阳光几乎不能抵达这个深度，“蛟龙号”的窗外变得一片漆黑。

“穿短袖已经有点儿凉了，需要加衣服。”科学家从背包里拿出一件长袖衣服穿上。

500 米

如果幸运的话，在这里可以遇到身长 2 米、像圆筒一样的深海火体虫，或者是一只眼看上方、一只眼看下方的斜眼鱿鱼，还有脑袋透明的后肛鱼……它们都能在黑暗中发出隐隐的光。

“蛟龙号”一般不会打开外部灯光，并非不愿让里面的人欣赏“沿途”的美景，而是怕强光会吸引来凶猛的大型海洋生物，比如鲨鱼。这可不是什么好事，还是安全下潜重要。

∧ 下潜过程中，潜航员在“龙珠”内静静等待触底（傅文韬　摄）

1000 米

到这里，海水的第二层“中间层”就到头了。海洋中绝大多数的生物都生活在“中间层”。“蛟龙号”马上就要进入“深层带”了。

09

第十三章

“蛟龙号”下海喽（下）

“蛟龙号”刚刚下潜到1000米，还要继续啊！可是，“龙珠”里突如其来地下了一场小雨，这是怎么回事？

还记得在“龙珠”里为什么会“淋雨”的问题吗?

下潜到1000米的深度时，潜航员就要小心一场突如其来的“小雨”了！这是由于此时海水温度已经很低了,“龙珠”的舱盖和舱壁快速降温，而“龙珠”里面的水汽遇冷后，会发生冷凝现象，直接变成水，从“龙珠”顶部滴下来，就像下雨一样。

所以“龙珠”的墙面上有很多凹凸不平的纹路，就是给这些水提供的通道，让水顺着墙壁流到“龙珠”底部，尽可能地减少直接滴到潜航员和科学家身上或仪器设备上的水。

2000米

这里的可见光，都是那些发光的深海生物发出的。虽然这个深度下海水的压力非常大，仍然有很多海洋生物在这里生存。“蛟龙号”的窗外依然漆黑一片，只是在这如墨的黑暗中有了星星点点的微光。

^ 在“蛟龙号”外灯光的照射下，深海中星星点点似尘埃的，叫“海雪”，它们是从海水上层沉下来的各种残渣，是深海生物的重要食物来源。一条鱼被光吸引过来

“龙珠”里的温度还在下降，是时候拿出来棉毯子盖在腿上或者披在身上了。

3000 米

在美食的诱惑下，用肺呼吸的抹香鲸会冒着得减压病的危险，潜到这个深度来寻找食物，它们平常生活在水下 1000 米左右的深度。至于什么叫减压病，我后面再给大家讲。

“蛟龙号”可不想在这里与巨大的抹香鲸相遇，万一被当作美食，那就麻烦了。

4000 米

这个深度以下就到了海水的“深渊层”，这里不仅黑暗，而且寒冷，海水的温度只有几摄氏度，“龙珠”里的温度也降到了十几摄氏度。

如果“蛟龙号”刚下水的时候算是夏天，随着下潜深度的增加，“龙珠”里已经由夏转春，由春转秋，此时已是深秋时节。科学家和潜航员拆开“暖宝宝”贴在腰上、腿上、胳膊上。顺便打开牛肉干和饮料，补充些营养和水分。

5000 米

这里能够看到的海洋生物已经很少了，偶尔能够碰到海葵、海参或

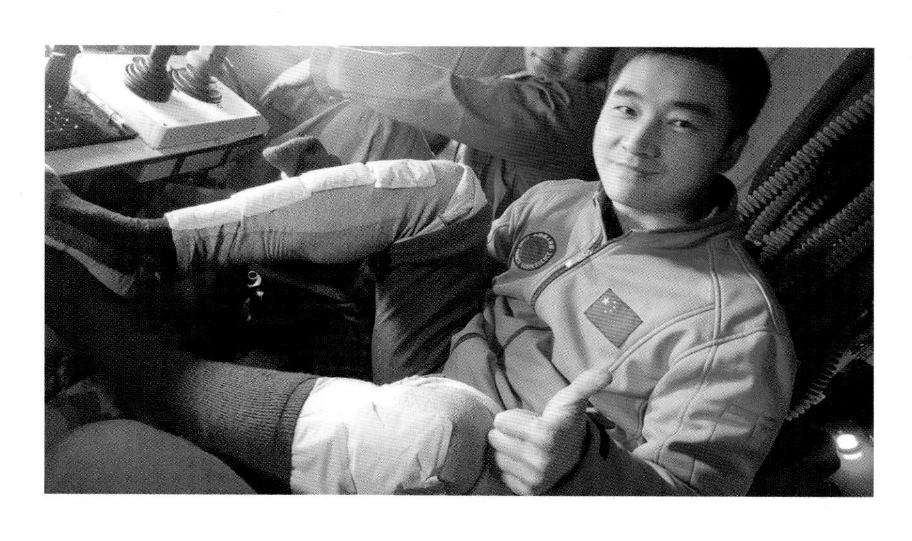

下潜深度越深，舱内温度越低，潜航员把“暖宝宝”贴到腿上

∧ 这一片海底像沙漠，竹节珊瑚像沙漠里的一棵枯树（由“蛟龙号”拍摄）

∧ 深海蜥蜴鱼面对“蛟龙号”的强光，十分好奇，不肯离开（由“蛟龙号”拍摄）

∧ 海葵（由“蛟龙号”拍摄）

∧ 粉红色的海参（由“蛟龙号”拍摄）

者海绵。世界上大部分海域的最大深度就是 5000 多米。

前面介绍过的“鹦鹉螺”“和平”和“深海 6500”这些“作业型深潜器”的最大下潜深度都是 6000 米左右。5000 多米是“蛟龙号”最主要的工作深度。

6000 米

从这里开始就抵达了“超深渊层”。如果下面是马里亚纳海沟的话，它就像一个巨大的漏斗，最深处有 1 万多米。不过，世界上只有 1.2% 的海洋深度超过了 6000 米，那里一般是巨大的海沟或海底峡谷。

“蛟龙号”的“流光天眼”灯光全部打开，照亮了四周。潜航员小心谨慎地观察着窗外，随时查看各种数据，以防“蛟龙号”突然碰撞到陡崖或岩石。

科学家调试好高清摄像机，一切准备就绪，“蛟龙号”准备“坐底”了。

7062 米

这是“蛟龙号”抵达的极限深度。在这一深度，“蛟龙号”每平方米的面积承受着 700 多吨的压力，想想就够可怕的！幸亏“龙珠”是球形的，还采用了非常先进的钛合金材料，才能轻松承受如此大的压力。

∧ 扫码关注“中少总社阅读魔方”，回复“蛟龙出海”，看“蛟龙”入水、出水

开始海底工作

经过 3 个多小时的下潜，“蛟龙号”终于成功抵达海底。“坐底”后，窗外激起了一股股沙尘，那是海底的沉积物，像扬尘一样漂了起来。

∨ 像鹅卵石一样的锰结核（由“蛟龙号”拍摄）

∧ 长在锰结核上的梳子状“海绵宝宝”（由“蛟龙号”拍摄）

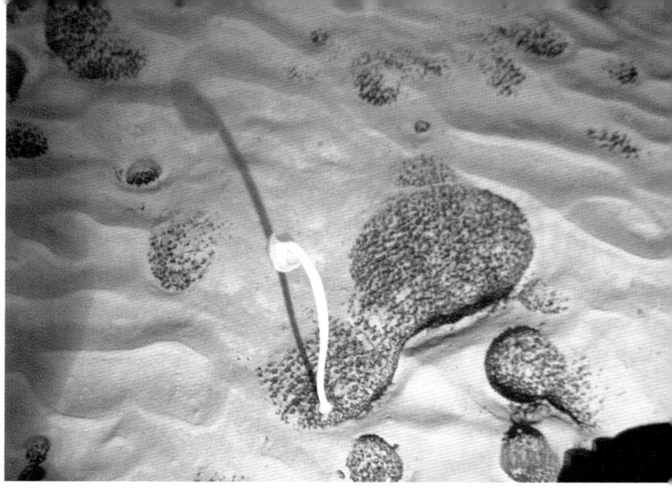

∧ 长在锰结核上的豆芽状“海绵宝宝”（由“蛟龙号”拍摄）

海底和陆地差不多，有平原、沙漠，也有海山、海沟。“我第一次下潜时，看到的海底并没有想象中的神奇，而是十分荒芜，像一片沙漠。在厚厚的海底沉积物中，偶尔能看到一个豆芽状的海绵。”潜航员说。

如果目标位置没有这么深的话，“蛟龙号”会在 2 小时内“坐底”。之后它就立即进入工作状态。“蛟龙号”在海底的工作时间，会根据深度的不同有所改变。不深的地方，下潜和上浮的路程短，就可以多在海底工作一段时间；六七千米的深度，就得减少一些工作时间，留出足够的时间上浮返回，以便在天黑前赶回母船。

“蛟龙号”在海底主要开展什么工作呢？主要是录制视频和采集样品。

潜航员会用机械手拿起一支像大针管似的采集器，直接插进海底“泥土”。这样就把海底的沉积物装了进去，然后“大针管”会自动把沉积物密封在管子里，方便带回。

“蛟龙号”也会抓一些海底生物，比如海参、海葵、海绵或者海蛇尾，然后把它们放到一个透明“水缸”里。

“蛟龙号”还会采集一些“大石头”回来，圆滚滚的，直接放到蓝色筐子里，像是一枚枚神秘的恐龙蛋，它们都是矿物结核，里面包的都是好东西。

那些长着长长尾巴的鼠尾鱼，好奇地跟着“蛟龙号”的强光游来游去。它们在黑暗环境中待惯了，视力很差，是“高度近视”，因为从未见过如此“美”的光，所以不舍得走。“蛟龙号”的手臂虽然灵活，但抓鱼还是很困难的，它们一个转身就能成功躲避抓捕。

“快看，一只煮熟了的大虾！”一只深红色的大虾突然从“蛟龙号”前游过，科学家惊呼。

如果是在布满“烟囱”的海底，“蛟龙号”还能够近距离接触生活在那里的神秘生物。这是一个十分神奇的生物圈，这些生物生活在高温“烟囱”周围，这里海水温度很高，而且酸性很强。对于人类来说，这是一个高温、高压又有剧毒的环境，这些生物能够在这里生存，真是奇迹！

潜航员和科学家不停地忙碌着。

潜航员不断调整着“蛟龙号”的位置，不但要时刻保证安全，还要能顺利抓取到海底样品。他的双手不停地操控着遥控杆，还不时俯下身去，趴到窗口，使劲儿往外看。

科学家已经被海底世界彻底迷住了，他时而目不转睛地盯着窗外，时而在笔记本上奋笔疾书，时而用遥控器控制摄像机拍摄。

他们甚至忘记了吃东西、喝水，也忘记了寒冷，连毯子从身上滑落都没发觉。

几小时的海底工作时间一晃而过，潜航员学员每隔 15 分钟就和母船通信一次。有时候是语音通话，有时候会简单地发几个信号，告诉母船“蛟龙号”一切正常。

“向九，向九，‘蛟龙号’已抛压载铁！开始上浮，开始上浮！”潜航员通过对讲机向母船报告。

完成任务，返航

“蛟龙号”满载而归，经过几小时的上浮，它从几千米的海底顺利回到了水面。

“脐带蛙人”快速锁定已经浮出水面的“蛟龙号”，跳上去，挂好缆绳。“蛟龙号”重新回到了母船上。

舱门打开，科学家和潜航员们依次出舱，他们兴奋地向我们挥手！

第一次下潜或打破自己下潜深度纪录的人，出舱后会接受“泼水礼”这个特殊待遇。母船上的科考队员们早就准备好了一桶桶的“道具”，酱油水、醋水、可乐水、啤酒水，应有尽有，给“破纪录”的人一次彻底的“洗礼”，从头到脚湿透！

原本我想问科学家几个问题，看他着急的样子，就知道他有内急，“赶紧去吧！”他一溜烟儿地跑回了房间。

从“蛟龙号”里向外看，“向阳红 09”的船尾挤满了人，大家迎接“蛟龙”凯旋（唐嘉陵 摄）

第一次下潜的科学家开心地接受“泼水礼”

其他科考队员七手八脚地开始卸运“蛟龙号”带回来的各种“宝贝”。

当透明的大水缸被抬下来的时候，“哇！”大家都发出了惊叹声。原来“蛟龙号”带回来一只巨大的紫色海参。不过，这海参的模样有点儿惨，它的肚皮鼓出来一个大气泡，像要爆裂似的！

这又是怎么回事？

第十四章

紫色海参“吹气球”

紫色大海参从几千米的深海来到海面之后，肚子上鼓出来一个大气泡，像要爆裂似的！这到底是怎么回事？海参在跟随“蛟龙号”上浮的过程中到底经历了什么？

从海底被抓上来的紫色大海参在透明缸里格外显眼，它的个头儿有我的手臂那么大，整个身体圆滚滚的，肚皮鼓出来一个大气泡。科考队员们小心翼翼地把紫色大海参抬进实验室。

“什么情况，怎么鼓出一个大气泡？”我看着紫色的大海参问。可没人顾得上回答我。

神秘的礼物

实验室里又一阵“骚乱”，原来大家的“礼物”回来了。

“啥礼物？啥礼物？”我也挤了进去，看到潜航员手里拎着一个网兜，里面是一些白色和彩色的“玩具”。它们都很小，形状各异，有小熊猫、小鲸鱼、小爱心……它们的表面都皱皱巴巴的，像一块块锡纸奶酪，最小的那些有鹌鹑蛋那么大，上面都写着字或者画着爱心。

∧ 大洋科考中采集的深海底栖生物样品

∨ 紫色海参在海底排便呢

“它们都是‘深潜勇士’哦。”一名科考队员拿着一个小鲸鱼形状的“玩具”说道。

原来，这些小“玩具”都被事先放在了“蛟龙号”的肚子底下，跟着“蛟龙号”潜入了几千米的深海。猜一猜，它们是用什么做的？

在揭晓答案前，我们先看一集电视节目，是邀请“蛟龙号”潜航员完成的一个有趣实验。

实验中，潜航员准备了两个物品：一个是一管牙膏；另一个是一块四四方方的神秘材料。潜航员分别把它们装进了网兜里，同样放在了“蛟龙号”的肚子底下，让观众猜猜哪个物品进入深海后变化会比较大？节目中很多人都猜测：牙膏肯定会被挤爆！因为大家都知道深海的压力很大很大。

可是，实验结果却出乎他们的意料，那管牙膏安然无恙，和下海前比，看不出任何变化。而那一块四四方方的神秘材料，却缩小了好多，变成了一个小方块。

原来啊，那个四四方方的神秘材料，是一块塑料泡沫！在深海的压力作用下，塑料泡沫的体积几乎缩到了原来的十分之一。

现在你猜出来了吧，科考队员们的“小礼物”也是用塑料泡沫制作的，它们原来的体积可都不小，在海底走了一圈，就变成了可爱的小熊猫、小鲸鱼、小爱心……而且变得很硬。

潜航员是这么解释的：“牙膏严格来说也是一种液体，液体是可以传导压力的，牙膏内外始终保持压力的平衡，所以不会被压爆。而塑料泡沫就不一样了，它又叫多孔塑料，内部有很多小气孔或小气泡，在潜入深海的过程中，这些气泡都被挤压出来，所以塑料泡沫的体积会发生很大变化。”

“万一，我是说万一，我们在给牙膏拧上盖子的时候，里面封存了一点儿空气，那后果会不会大不一样？”我的问题又来了。

“那当然，只要有空气在里面，就会形成空腔，在巨大的压力下，空腔就有可能爆炸。嘭！除非这是一管钛合金耐压牙膏。”潜航员边比

来自深海的“神秘礼物”

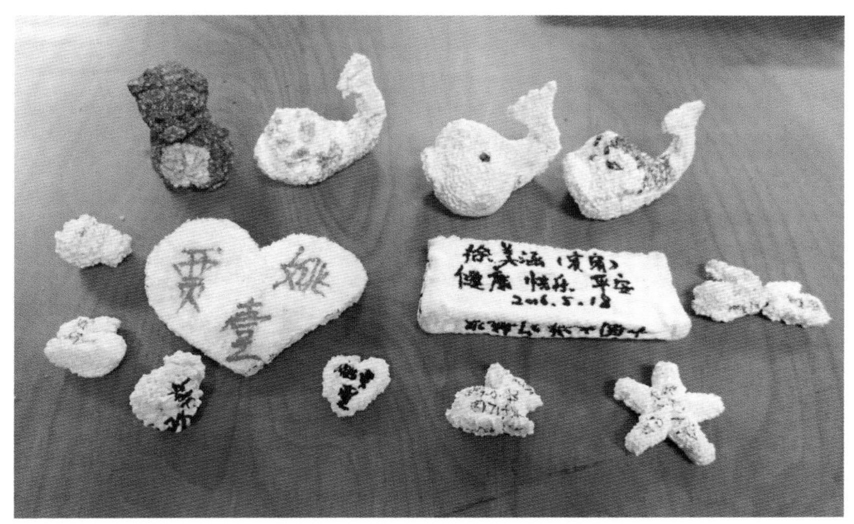

签名板（原来大小）

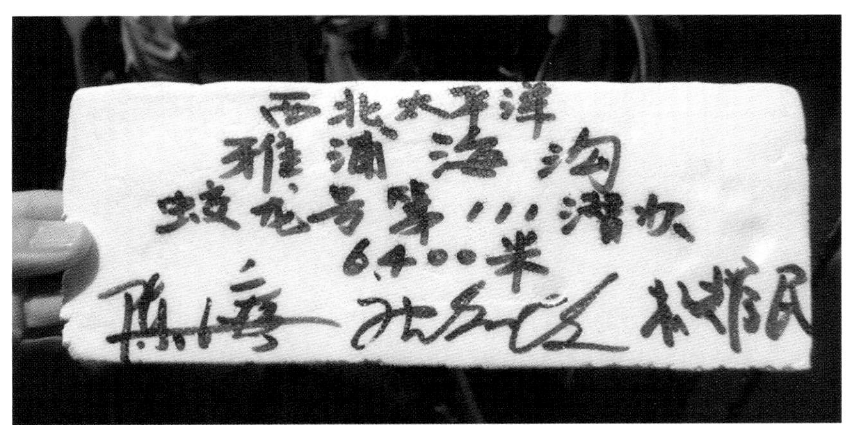

从深海回来，签名板变小了

画边说。

“蛟龙号”的“龙珠”里就是一个空腔，钛合金的“龙珠”保护着空腔里的潜航员和科学家。

减压病

这样看来，是不是只要“体内”没有气体空腔，潜入几千米深海就

< 在深海中竖着睡觉的抹香鲸

^ 人类自由潜水只能下潜到 100 ~ 200 米的深度

不会受到什么影响?

那么，哺乳动物是不是就不能直接潜入深海了？因为哺乳动物体内都有一个充满气体的空腔，那就是肺。

我们都知道，海洋里最大的哺乳动物是鲸，它们生活的海域一般深度不会超过 1000 米。据说只有抹香鲸偶尔会潜到 3000 多米深的深海，因为那里有它们最爱吃的巨型鱿鱼。

不过，这种深度潜水的行为，也会对抹香鲸的健康造成损害，它们会得减压病。人类在深度潜水后，如果突然上浮到水面，也会得这种病。什么是减压病呢？

简单地说，减压病就是在下潜的过程中，在海水的压力作用下，氮气溶解在了血液里。如果上浮太快的话，血液中的氮气就会突然“解压”，产生大量气泡。气泡会瞬间堵住血管，阻碍血液循环，造成皮下出血、肌肉关节痛、头晕等多种病症。

打个比方，减压病就像在体内猛地打开一瓶可乐。在下潜过程中，肺就像一个未开启的充满压缩气体的可乐瓶。如果上浮过快，肺就会像可乐瓶被猛地打开一样，嘭的一声，气体被迅速释放，堵住血管。

这是非常危险的！所以人类目前自由潜水的深度不过 100 多米，即使采用了“饱和”潜水的手段，也只达到了 701 米。这是 1992 年法国的一家公司在“人体氢氦氧混合模拟饱和潜水试验”中创造的下潜深度。至于什么是“饱和”潜水，感兴趣的读者朋友可以查阅一下资料。

如果潜水员不想得减压病，就需要十分缓慢地上浮，甚至要在一定深度的海中停留一段时间，让体内的压力和外界逐渐达到平衡。就

紫色大海参用肚皮“吹气球”

像可乐瓶里面一旦产生了大量气体，我们只需要把它安静地放置一段时间，那些气泡就会逐渐溶解掉，这时，再打开它就不会嘭的一声喷发了。

那紫色大海参是不是肚子爆了？没错，为了人员安全，“蛟龙”没有办法缓慢上浮，不能给海参足够的时间适应环境，只好委屈它了。

“压力山大”

人能够自由潜水到 100 米的深度，说明虽然人体内也有空腔，但只要下潜的深度适当，人是可以在深海生存的，只是上浮的时候不要那么快就好。

还记得“蛟龙号”下潜时，虽然深度越深，生物越少，但在不同的深度它总能遇到一些鱼或虾吗？这些鱼虾从出生就在深海里，它们的体内虽然也有空腔，但早已达到了内外平衡，适应了深海的“压力山大”。

举个例子，大家都听说过在深海“点灯笼”的鮟鱇鱼吧。

鮟鱇鱼虽然没有肺，但是它和其他硬骨鱼类一样，体内有鱼鳔。那鮟鱇鱼为什么没有像塑料泡沫一样被压扁呢？

因为塑料泡沫的制作是在陆地上，它里面的气泡和陆地上的大气压平衡，都是 1 个大气压。

潜入“压力山大”的深海后，深度越深，压力就越大，塑料泡沫中的空气慢慢就被挤压出来。

鮟鱇鱼生在深海、长在深海，它更像那管牙膏，体内外的压力始终保持一致。即使它的鱼鳔里有气体，这些气体也属于“压缩气体”，自身的压力同周围海水的压力一样，体内外保持压力的平衡。

如果将鮟鱇鱼从深海带到陆地上来，它的结局同样会很惨。随着逐渐上浮，鱼鳔外的压力逐渐减小，而鱼鳔内“压缩气体”的压力还保持着在深海里的压力。鮟鱇鱼的鱼鳔会越鼓越大，到了鱼鳔的承受极限时，它就会猛地爆开！

正是因为这样，紫色大海参的肚皮才吹了一个“大气球”！

第十五章

化险为夷

“蛟龙号”万一浮不上来怎么办?“蛟龙号”有没有遭遇过非常危险的时刻?它又是如何化险为夷的呢?

前面我们了解了深海“压力山大”和那只紫色大海参的“遭遇”。我也无数次假设:“万一‘蛟龙’在海底出了问题怎么办?”

“我们不会让‘蛟龙号’出问题的，无论如何我们也要浮上来!”潜航员似乎不太喜欢这个问题。

“我是说万一,万一‘蛟龙号’漏水了怎么办?”我继续追问。

“那就成了喷水枪了!”潜航员瞥了我一眼，悻悻地说。

“那多好玩儿啊!”我故意跟他贫嘴。

“一边玩儿去!”潜航员哭笑不得,“我们在里面可就不好玩儿了!这漏水的水柱足以穿透钢板!”

“天哪!”我的下巴差点儿掉到地上。

差点儿被烤熟

在印度洋的一次科考下潜时,“蛟龙号”就经历了“烤肉”小惊险!

还记得前面讲的“大洋一号”在印度洋寻找海底“烟囱”的故事吗?在没有“蛟龙”助阵的情况下，科学家只能用缆绳拖着设备，在海底一点儿一点儿地搜寻，就像抓娃娃一样。

“蛟龙号”带着首席科学家下潜到深海“烟囱”区域的那一刻，他几乎热泪盈眶，终于如此近距离亲眼看到了寻觅多年的“烟囱”。

“真像做梦一样!乌黑的浓烟从‘烟囱’里冒出来，它们就在我眼前!”首席科学家兴奋地描述。

“这是我见过的最有生命力的海底!这么多生物在这里生活!”潜航员也被眼前的景象吸引了。

潜航员小心地操控着“蛟龙号”，他明白这里和其他海底不一样，这里“烟囱”的温度都在400摄氏度左右。“蛟龙号”小心地靠近“烟

∨ 在三四百摄氏度、黑烟滚滚的“烟囱”之间航行是一项极具挑战的任务（由“蛟龙号”拍摄）

囱”，但必须保持一定的距离，避免被“烫伤”。

“蛟龙号”的窗户虽然可以耐高温，但在如此高的温度下，还是会有爆裂的可能。

“蛟龙号”的机械手拿着测量温度的仪器，一点点地靠近“烟囱”，慢慢伸到冒烟口，去测量那里的温度。

“哎呀！”潜航员猛地一声惊呼，下意识地晃动了一下操控杆，“蛟龙号”随之强烈摆动了一下。到底发生了什么事情？

科学家被这强烈的摆动晃了一下，顿时傻了眼，连声问：“怎么了？怎么了？”

原来，潜航员、潜航员学员和科学家 3 个人都被眼前的“烟囱”吸引了，他们的注意力全都集中在正前方的“烟囱”上，忽略了“蛟龙号”侧面还有一个“烟囱”，仅仅几秒的时间，“蛟龙号”右侧的窗户几

∨ 复杂的深海地形会时刻影响“蛟龙”的安全

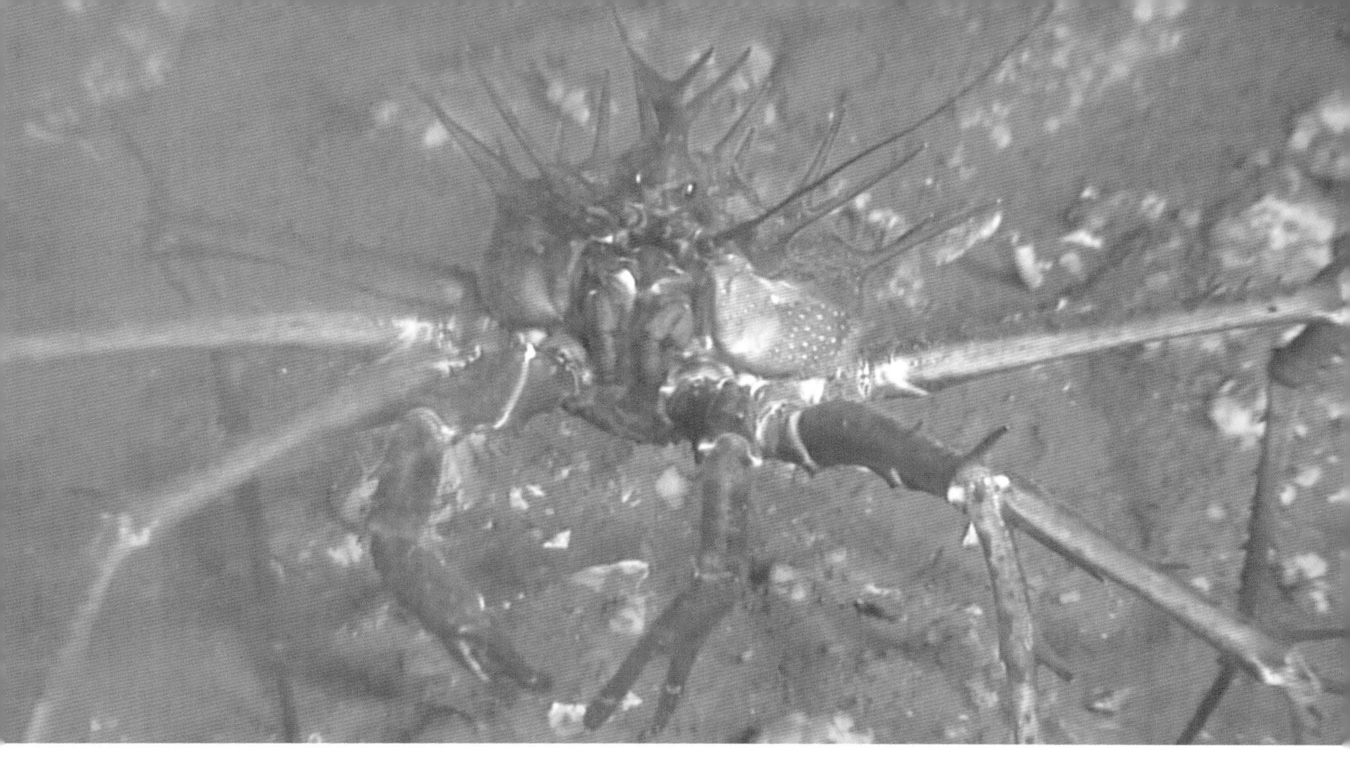

∧ 深海生物群落的顶级掠食者——帝王蟹，它似乎用紧张又严肃的表情盯着“蛟龙”。如果它会说话，一定在说：“你别靠近我，不然我不客气啦！”

乎碰上去了。

幸亏训练有素的潜航员习惯性地用眼角余光扫了一下右侧窗户，及时发现了险情，发出“哎呀”一声惊呼，赶紧操控“蛟龙号”躲避。

还好这一次有惊无险，“蛟龙号”右侧窗户旁边的白色浮力材料，也就是“蛟龙号”的“血魂战甲”，被“烟囱”烧黑了一大块，“救生衣”差点儿就被烤“透”了。“胖胖虾”差点儿变成熟“胖胖虾”，呃……

“再晚发现一会儿就悬啦！”潜航员回忆起当时的场景，有些后怕。

上不了船了

那是在“蛟龙”第100次下潜归来后……

“蛟龙号”顺利完成任务并上浮到海面，“脐带蛙人”也已经给“蛟龙号”连接上了“脐带缆绳”，一切都显得那么顺利。船上的科考队员们已经准备好了庆祝仪式，“泼水礼”的水桶也比平日多了好几个。

可就在船尾的A型架准备吊起“蛟龙号”的一瞬间——“哎哎哎！啊！”橡皮艇上的“脐带蛙人”高抬着手臂，用力指着A型架的顶端大吼。

黑色的机油像喷泉一样，从A型架的顶端喷射出来，溅到“蛟龙号”和“脐带蛙人”的身上。这到底是怎么回事？

船上的科考队员们瞬间蒙了，从来没有遇到过这种情况，他们有点儿不知所措。

“蛟龙号”里的3个人已经可以透过窗户看到船尾，他们的脸上还保持着兴奋的笑容。他们看不到喷射的机油，也不知道发生了什么，就是觉得这一次上船的速度真慢。

已经17点了，天色渐渐暗下来。“蛟龙号”还是停留在海面上。

“蛟龙，蛟龙，请原地待命，原地待命，保持通信畅通，保持通信畅通！”

潜航员收到了总指挥的命令，答道：“蛟龙收到，蛟龙收到。”

“怎么回事？”负责这一潜次的女科学家有些着急地询问。

“还不知道，可能是A型架出了故障。别着急，我们再等等。”潜航员用平稳的语调向科学家解释。其实，他也有些紧张，但他明白，作为潜航员，就像飞机的机长、轮船的船长一样，在发生故障时，他们要向乘客传递信心，避免引起恐慌。

潜航员迅速恢复了“龙珠”里刚刚关闭的“生命支持系统”，脑海中快速搜索应急方案。

就是这个A型架 >
出现了故障，没有
力气把“蛟龙”拉
上船

< 天色渐晚，“蛟龙”
漂在海面上

此时，太阳已经被天边的海平面挡住了半张脸。没过几分钟，太阳就消失在海平面下，橘红色的晚霞爬满了天空。海风趁着太阳离开，开始在海面肆无忌惮地刮起来。

白色的浪花随风摇荡，拍打在“蛟龙号”的头顶。“脐带蛙人”驾驶着橡皮艇，始终跟随着“蛟龙号”，生怕涌浪把“蛟龙号”推得太远。

^ 上不了船的“蛟龙”在海面上漂浮待命，里面的人已经开始晕船，“脐带蛙人”一直在旁边陪护

1 小时过去了，2 小时过去了，3 小时过去了……

天色已经完全暗下来，狭小的空间，焦急的等待，剧烈的摇晃，“龙珠”里的气氛逐渐有些凝重起来。

女科学家和潜航员学员都开始出现晕船反应，头疼、头晕、想吐，每分钟都是煎熬！

值得庆幸的是，“龙珠”里的氧气还够他们 3 个人使用 3 天，食物和水也很充足。

潜航员不断给队友打气：“要坚持到最后。”他明白，不到最后万不得已，不能离开“蛟龙号”，不能在海面打开舱门，一旦打开舱门，海水会顺势灌入“龙珠”，“蛟龙号”就彻底“趴窝”了！

又是 1 小时，2 小时，3 小时……

此时，船上的科考队员们忙作一团，采取了多套方案对 A 型架进行

^ 扫码关注“中少总社阅读魔方”，回复“蛙人”，看“脐带蛙人”接“蛟龙”回家

维修，可效果都不太好。空气似乎凝固了。

在附近海域工作的“大洋一号”科考船得到消息后，朝“蛟龙号”赶来，希望能帮上忙。

“龙珠”里的 3 个人都晕船了，女科学家已经蜷缩在座垫上，潜航员和潜航员学员轮流坐起来值班，每隔 10 分钟向母船报告一次 3 个人的情况。

到了第二天凌晨……

“蛟龙，蛟龙，故障已经排除，故障已经排除！准备登船，准备登船！”对讲机里终于传来了好消息。

出舱后，潜航员看了看手表，此时已是第二天早晨 5 点多。他向科考队员们使劲儿挥挥手，什么都没有说，眼泪在眼眶里打转！

“蛟龙号”的第 100 次下潜留下了不同寻常的传奇！

“我们不怕有危险，因为我们总能化险为夷！”

“壮士断腕”

“壮士断腕”这个成语讲的是：一位勇士，他的手腕被一条蝮蛇给咬伤了，为了保全自己的性命，他果断地砍断了被咬伤的手臂，避免蛇毒扩散到全身。

“蛟龙号”在深海一旦遇到危险，也会采取“壮士断腕”的方法。

通过前面的讲述，读者朋友应该已经发现，钛合金制成的“龙珠”足以保护里面的潜航员和科学家，但“龙珠”里面的氧气最长只能支撑3天半，哪怕食物和水再充足，如果没有足够的氧气，也无法保证乘员的生命安全。

所以3天半时间，是“蛟龙号”的极限续航时间。一旦出现意外故障，只要“龙珠”完好，3天半内能够上浮到水面，人就可以安全回来。

在海底，“蛟龙号”无论遇到什么故障，最坏的结果就是“断电”，没有任何动力。

还记得“蛟龙号”的霸气装备“血魂战甲”吗？它是一套十分先进的“救生衣”。万一“蛟龙号”“断电”了，失去动力，“救生衣”的浮力足以帮助“龙珠”慢慢浮到水面。那时，任何可以扔掉的东西都可以断然舍弃。

腰里的“神龙铁锭”压载铁，扔！

一双傲人的“龙旋破军手”，扔！

费劲儿采集的样品，扔！

百宝箱“魔篮”，扔！

齁沉齁贵的“聚能心”，扔！

还有一个用来调节平衡的水银箱，也扔！

“血魂战甲”，等等，这个可不能扔！

就像章鱼断腕足、壁虎断尾巴一样，只能扔掉一些非必要的东西，“血魂战甲”的浮力是可以带着“龙珠”回家的！

万一“蛟龙号”被深海的某种东西困住了、缠住了，或者陷入“泥潭”了，怎么办？这个时候，“断腕”似乎也不起作用了。

“蛟龙号”还有一个“大绝招”：它会发射一枚带有长长缆绳的浮力标，上面还有不断发出

∧ 为了保护这些潜航员和科学家的生命安全，“蛟龙”“断腕”也会在所不惜

强光的闪光器。当浮力标浮出水面后，母船就能有机会找到它，然后把它拉上来。

无论如何，“蛟龙号”一定得安全回来！

第十六章

深海的“臭屁”城市

深海的生物竟然是依靠吃“臭屁”生存的。有一种微生物能够把“臭屁”变成“糖”。这是真的吗？它们是生命的最初形式吗？它们才是宇宙生命的常态吗？

潜航员和科学家在“烟囱”旁边到底看到了什么？让他们如此专注，甚至差点儿把“蛟龙号”的“血魂战甲”都烧黑了。

“那里简直就是一座不夜城！浓烟滚滚，热闹非凡！”潜航员眼睛冒着光。

“那里藏着生命起源的秘密！如果想了解它们，你要先了解一下‘臭屁’！”科学家神秘地说。

“臭屁？”我有些不解，科学总是这么匪夷所思。可爱的科学家总能把高端、深奥的东西，说得如此“臭屁”，哈哈。

好吧，我听科学家的话，先认真了解一下“臭屁”……

屁，就是多数动物，包括人类，从肛门排放出的废气，里面大约含有 59% 的氮气、21% 的氢气、9% 的二氧化碳、7% 的甲烷，3% 的氧气，1% 的其他成分。其中氢气和甲烷是可燃的，所以我们的屁如果积累得够多，是可以点燃的！

∧ 冒着滚滚黑烟的“烟囱”上爬满了“热液城”的居民，它们就是阿尔文热液虾（由“蛟龙号”拍摄）

∨ 大洋科考中获取了大量“黑烟囱”样品，大家都很开心

如果在以上这些屁的成分里，你没听说过“甲烷”，那你一定听说过“沼气”“瓦斯”“天然气”这些名字吧？它们的主要成分都是甲烷。

屁之所以臭，是因为它里面有一些化学物质，比如粪臭素、硫化氢等。虽然它们加起来也占不到 1%，但“功力”了得，气味让人难以忍受。特别是具有臭鸡蛋气味且有毒的硫化氢，更是要命。

当然，这类臭味物质在屁里的含量非常非常少，即使你吸入了臭屁，也不至于中毒。但如果吸了一上午，呃……那我可不敢保证你的安全，只是不知道谁能连续冲你放一上午的臭屁。

看到这里，你是不是已经能够闻到“跃然纸上”的臭屁味儿了？唉，原谅我，去埋怨科学家吧！

言归正传。这“臭屁”和深海“烟囱”有什么关系？“烟囱”冒黑烟，也不是放臭屁啊？

“黑烟就是地球的‘臭屁’！”科学家说道。

“什么？！”我又一次惊掉了下巴。

“臭屁”城市——剧毒的“热液城”

还记得前面我讲到的“开了锅”的海水从地心带着“特产”返回深海的情形吗？

那些“特产”就是各种各样的矿物质，有金、银、铁、铜、硫、锌、铅、钴……它们遇到冰冷的深海海水后，就冷却堆积在“喷口”，慢慢形成了“烟囱”，而且越垒越高。

潜航员和科学家在“烟囱”周围看到了非常“繁盛”的景象！各种活跃的生物，在“开了锅”的海水周围挤作一团。

有能够发出荧光的阿尔文热液虾，有长得像红色吸管的管栖蠕虫，有像穿着白色羽绒服的雪人蟹，有浑身透明的海参，有常被误认为是植物的“海绵宝宝”，还有我们餐桌上经常出现的青口贻贝……

“啊，那里的贻贝好吃吗？”听到吃，我来了精神，马上问道。

“它们和餐桌上的贻贝长相一样，但可能有剧毒，不能吃！”科学家说。

“为什么会有毒呢？”我追问道。

“‘烟囱’喷发出的‘开了锅’的海水，我们称之为‘热液’，里面除了那些‘特产’矿物

^ 管栖蠕虫，它们身长可达 2 米

质以外，还有大量的剧毒物质，比如硫化氢。”科学家说。

“硫化氢？——臭屁精！”我惊呼道，难怪科学家说“烟囱”冒烟就是地球在放“臭屁”，有意思。

“对啊，你明白了吧？‘臭屁知识’没有白学！哈哈。”科学家笑了起来。

问题又来了！在几千米的深海，压力很大；在这些“烟囱”周围，温度很高；硫化氢这类“臭屁”，臭而且有剧毒。那些虾啊，蟹啊，贻贝啊，海参啊，蠕虫啊，靠吃什么生存？

“难道是，吃屁？”这个念头一闪而过，我差点儿把自己都“臭晕”了，转念一想，“吃屁吃不饱吧？这不科学！”唉，算了，还是问问科学家吧。

“还有一个地方，和这里差不多，我们先看看那里吧。”科学家却卖起了关子。

“臭屁”城市——“冷泉城”

这个地方叫“冷泉”，在我国南海2000米左右的海底就有。“蛟龙号”带着科学家来过这里。

和“烟囱”不一样的是，这里没有几百摄氏度的热液。之所以叫“泉”，是因为这里的海底像往外冒泡泡一样，慢慢溢出“泉水”。

“那也是地球的‘臭屁’，只是这个‘屁’，比‘烟囱’的温度低了很多，还特别容易被点燃。”科学家说。

我的脑海里又“复习”了一遍屁的知识，说:“容易被点燃的是甲烷和氢气。”

“你学得很扎实呀！”科学家似乎在夸我。

“从‘冷泉’溢出的‘泉水’里富含甲烷、硫化氢，还有一些二氧化碳。”科学家接着说。

∨ 生活在“热液城”的雪人蟹

∧ 生活在“冷泉城”里的毛瓷蟹和贻贝（由“蛟龙号”拍摄）

“这里也有很多生物？”我很好奇。

“是的，这里也生活着大量的生物，有虾也有蟹。”科学家说。

“它们也都吃屁？”我惊呼道。

“直接吃可不行，那些虾蟹养了一大批‘古菌’微生物，帮助虾兵蟹将生产‘粮食’，就像我们人类种植的小麦、水稻等农作物一样！”科学家终于道出了其中的秘密。

神秘的“古菌”又是什么？它是如何把“屁”转化成“粮食”的？那些虾蟹是如何饲养这些“古菌”的呢？

“第三域”生物

在阿尔文热液虾的壳里、雪人蟹的绒毛里、管栖蠕虫的肚子里，科学家都发现了一种神秘的微生物，它们可以把硫化氢和甲烷转化成虾蟹和蠕虫能够食用的碳水化合物。

< 在阿尔文热液虾的头部壳中有一些神秘的微生物（由“蛟龙号”拍摄）

打个比方就更清楚了，这些微生物的工作就是把“臭屁”变成“糖”！

科学就是这么神奇，是不是又一次颠覆了你的认知？别着急，我再解释一下，你就能发现它们的联系。

“臭屁”中的硫化氢和甲烷，它们的化学分子式分别是这么写的：H_2S、CH_4。

“糖”是碳水化合物，含有的主要化学元素是这3个：碳（C）、氢（H）、氧（O）。

从这些化学分子式能看出，“臭屁”里含量最多的就是氢（H），这些微生物就是吸收了“臭屁”里的氢（H），然后经过再加工，生成了“糖”。

细心的读者朋友可能要问，“糖”里面还有碳（C）和氧（O），深海几乎没有氧气，“古菌”们是从哪里弄来的氧（O）呢？

< 科学家在船上对深海样品进行简单处理，等待拿回陆地实验室做进一步分析实验

其实，“热液”和“冷泉”里除了硫化氢和甲烷以外，还有很多很多其他物质，比如二氧化硫（SO_2）和二氧化碳（CO_2），它们都含有不少氧（O）。

“这些微生物，我们称它们为‘古菌’。它们可以在超高温下生存，不怕硫化氢的剧毒，还能把硫化氢转化为食物提供给其他生物，它们是深海中的‘初级生产者’。”科学家解释道。

“它们真的就像我们种植的小麦、水稻一样。海底的虾蟹把它们种植在自己的身体里，然后就过上了‘饭来张口’的生活啦！”我惊讶地说。

“而且它们可能会颠覆我们对生命的最初定义！”科学家接着说。

原来，科学家将细胞生物分为两大领域：一个是真核生物域；一个是原核生物域。

例如，人类属于真核生物域→动物界→脊索动物门→脊椎动物亚门→哺乳纲→真兽亚纲→灵长目→人科→人属→智人种。

看到了吧？我们只是所有生物中的一个极小分支。

而原核生物域，几乎是细菌的天下，当然，还有一些藻类。不要小瞧这个“域”，它的生物总量要比动物多得多！我们喝的酸奶里有益生菌，我们的肠道里有大肠杆菌，它们都是这个“域”里的成员，只是人类用肉眼根本看不见它们。

科学家发现“古菌”微生物既不同于真核生物，也不同于原核生物。也就是说，“古菌”是“第三域”生物！

因此，科学家主张对细胞生物重新分类，分成三大类：细菌域、古生菌域、真核生物域。

古生菌域里的成员大多像“热液城”和“冷泉城”两个“臭屁”城市里的微生物一样，能够在极端的环境下生存。

几十亿年以前的地球环境，火星、土星、水星等外星球的环境，就属于这种极端环境。

“难道‘古菌’的生命形式才是宇宙生命的常态？智慧的人类其实只是地球创造的一个奇迹？”我想了半天，突然蹦出来这个想法。

“有可能哦！”科学家看看我，笑着点点头。

哦，对了，关于生命形式，我再多说两句。无论是2020年肆虐全球的新型冠状病毒，还是多年前的“非典”病毒，它们都属于生命的另一种分类，叫作“非细胞生物”。

也就是说，生命包括“非细胞生物”和“细胞生物”。在“细胞生物”下，才细分为前面所说的原核生物域、真核生物域。

病毒，也是一种神秘的东西。随着科学的发展，人类对病毒的了解已经越来越多，越来越深入。

放之宇宙，人类虽然很渺小，但相信人类会依靠自己的聪明才智，与大自然，与所有生命形式和谐地共生共存！

∧ 远洋科考的故事就先给大家讲到这里了，但中国远洋探索的脚步还在不断前行，扫码二维码，关注“中少总社阅读魔方”，更多远洋科考故事等着你